服装制板与裁剪
丛书

FUZHUANG ZHIBAN YU CAIJIAN
CONGSHU

女装的制板与裁剪

NÜZHUANG DE ZHIBAN YU CAIJIAN

徐 丽 主编

化学工业出版社

·北京·

全书共分为十一章，分别讲述了服装裁剪基础知识、裤子裁剪制图、四开身上衣裁剪制图、三开身上衣裁剪制图、各种裙装的制板、棉装的制板、大衣和风衣的制板、各种时装的制板、其他服饰的制板、服装病例修改以及特体女上衣裁剪法。

本书适合于从事服装裁剪设计的工作人员，以及大专院校的服装设计专业，还有服装厂员工以及热爱服装裁剪的人员和家庭主妇等使用。

图书在版编目（CIP）数据

女装的制板与裁剪／徐丽主编． —北京：化学工业出版社，2012.10（2023.5重印）
（服装制板与裁剪丛书）
ISBN 978-7-122-15250-3

Ⅰ．①女…　Ⅱ．①徐…　Ⅲ．①女服-服装量裁
Ⅳ．①TS941.717

中国版本图书馆CIP数据核字（2012）第208546号

责任编辑：张　彦　　　　　　　　　文字编辑：李锦侠
责任校对：洪雅姝　　　　　　　　　装帧设计：王晓宇

出版发行：化学工业出版社（北京市东城区青年湖南街13号　邮政编码100011）
印　　装：天津盛通数码科技有限公司
787mm×1092mm　1/16　印张9¹⁄₂　字数215千字　2023年5月北京第1版第16次印刷

购书咨询：010-64518888　　　　　　售后服务：010-64518899
网　　址：http://www.cip.com.cn
凡购买本书，如有缺损质量问题，本社销售中心负责调换。

定　　价：39.00元

服装制板与裁剪丛书
FUZHUANG ZHIBAN YU CAIJIAN CONGSHU

女装的制板与裁剪

前言
FOREWORD

　　服装是人们日常生活中不可缺少的必需品，是融艺术科学技术为一体的产物。它是通过外造型和内容结构有机地结合，并经过裁剪、缝制、整烫等操作手段而制成的，以达到修饰人体、保护人体、为人们提供美的享受的目的。

　　随着人民群众生活水平的提高和物质生活的增长以及对外经济、文化交往的日趋频繁，服装美学和穿着艺术已日益为大家所关注。当代青年对时装的追求正在突破陈旧的传统习惯和审美意识，从面料选择、整体造型、色彩搭配、服饰点缀等方面都强调了新、优、美，展示了当代青年人的朝气蓬勃、充满理想、奋发向上的精神风貌。

　　为了把人民群众的生活装点得更加绚丽多彩，服装设计人员既要立足本国，从祖国悠久的文化遗产中汲取营养，又要放眼世界，从国外时装的奇花异葩中采集花蜜，以激发创作热情，拨动创作灵感，设计出更新、更优、更美的服装来。

　　本书集合了作者的理论与实践，以及作者多年从事裁剪工作的经验得出来的结论，列举了大量裁剪实例，结合服装流行款式进行了详尽的分析总结。

　　本书在编写的过程中涉及图形线稿颇多，参与制作的人员很多，具体分工如下：全书策划以及大纲的修订由徐丽完成，第一章和第二章由张静茹编写，第三章和第四章由张丹编写，第五章和第六章由李佳轩编写，第七章和第八章由刘茜编写，第九章由徐影编写，第十章和第十一章由刘海洋编写。

　　本书在编写过程中得到了众多专家及化学工业出版社的指导和支持，在此深表感谢，由于水平有限，本书中难免会有不足之处，敬请广大读者指正。

编　者
2012年8月

女装的
制板与裁剪

目 录

CONTENTS

第二章 裤子裁剪制图   Page 023

第三章 四开身上衣裁剪制图   Page 037

第九章　其他　　　　　　　　　　　Page 125

第一章

CHAPTER 1

服装裁剪基础知识

第一节　人体知识

　　人体是研究服装的基础。人体的外形状况及运动形式，是服装制造的依据。只有掌握人体结构情况，才能制定出合理的裁制工艺，并能对服装上出现的各种弊病，作出正确的判断并加以校正。

一、人体的组成

　　如图1-1所示，人体是由头、躯干、上肢、下肢四大部分组成的。

　　头部：顶骨、脑颅、面颅。

　　躯干部：颈、胸、腹。

　　上肢部：肩、上臂、肘、前臂、腕、手。

　　下肢部：髋、大腿、膝、小腿、踝、足。

　　人体的颈、肩、胸、背、腰、臀等部位，是服装的基本结构部位。这些部位大都呈左右对称形式，因此服装的领子、双肩、袖子、裤腰、前后裤片等也都是左右对称的。

二、骨骼与服装量裁的关系

　　（1）顶骨　是测量人体总长的起点。

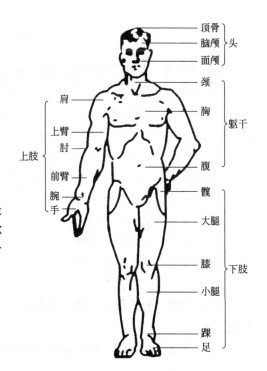

图1-1　人体组成

（2）颈椎骨　上连颧骨、下至锁骨，第七颈椎骨是测量衣长的起点。

（3）锁骨　在前脖根两侧通肩关节，从外形看很明显，左右锁骨之间是领口的交点。

（4）胸骨　扁平而长，在胸廓前面中间是服装叠门线的位置。

（5）腰椎骨　在腰的最细部（脊柱），是测量腰围的基准部位，也是测量前、后腰节长的终点及测量裤长的起点。

（6）髋骨　位于细腰下部，俗称胯骨，是上衣口的位置（以上见图1-2）。

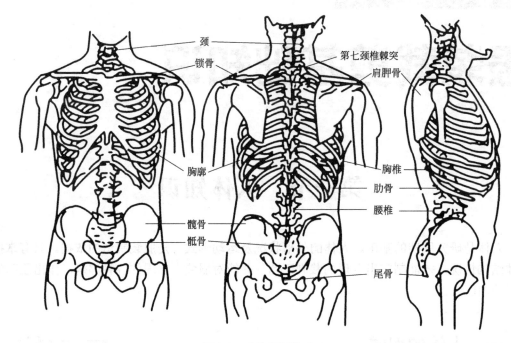

图1-2　人体躯干构成

（7）肩胛骨　位于背的两侧，它是服装后背上部的归拔线。

（8）肱骨　（上臂骨）上至肩关节，下至肘关节。

（9）肩关节　由肩胛骨外侧的关节盂和肱骨头构成，是测量袖长的起点及测量总肩宽的两个端点。

（10）肘关节　与中腰细部并齐，俗称胳膊肘，是袖子弯度的中心。

（11）腕关节　即手腕，是测量袖口的位置。

（12）大拇指第一关节　位于手的中间，是测量袖长的位置（以上见图1-3）。

（13）耻骨　位于人体的中间，是裤子下裆长度的起点。

（14）股骨　上端位于臀部，是测量臀围的位置。

（15）膝骨　位于股骨、胫骨之间，关节缝的前面，是测量裤子中膝的位置。

（16）腓骨　即小腿外骨，它的中间是测量大衣长度的位置。

（17）踝骨　分骨踝、外踝，是腓骨、胫骨的关节，内外突起明显可见，是测量马裤长度的位置。

（18）跟骨　即脚跟，是测量人体总长的终点（以上见图1-4）。

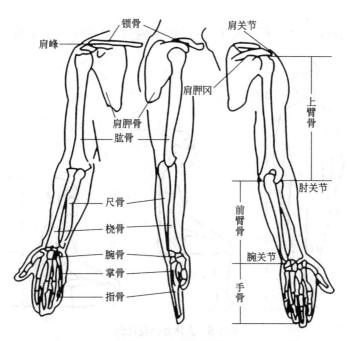

图1-3　上肢骨构成

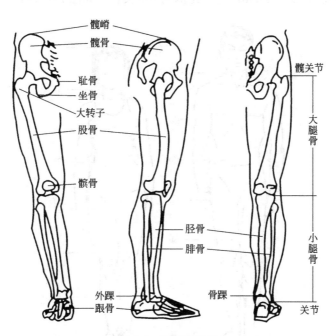

图1-4　下肢骨构成

三、人体比例

在中国古代《画论》中曾经记载了"立七坐五盘三半"的说法，如图1-5所示。

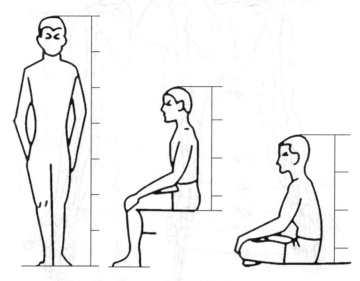

图1-5　人体立坐盘比例

　　人体各部位都有正常的比例关系，这些比例都是以头长为基本单位的。全国人体抽样调查：男性平均高度为165.5cm，头长为23～24cm，全身比例为7～7.5个头长。女性平均高度为155cm，头长为22～23cm，全身比例为7个头长，如图1-6所示。

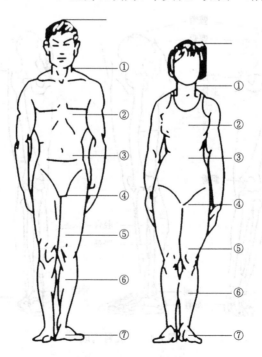

图1-6　男女人体比例

幼儿、儿童、少年、成年人正常的比例关系，1～2岁为四个头长，5～6岁为五个头长，14～15岁为六个头长，16岁接近成人，25岁达成成人身长，不再增长，如图1-7所示。

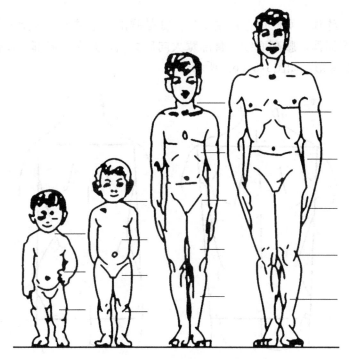

图1-7　人体不同发育阶段的比例关系

　　幼儿头部生长率最小，躯干生长率较快，四肢生长率最快，所以幼儿头部较大，四肢较短。

　　老年人因各部关节软骨萎缩，脊柱弯曲度增加，身长较壮年时略短。

　　正常人体各部位的比例分配如下。

　　（1）躯干部　躯干部约三个头长，肩宽约两个头长。

　　（2）上肢部　肩至中指约三个头长，上臂约$1\frac{1}{3}$个头长，手长为2/3个头长。

　　（3）下肢部　下肢约四个头长，大腿约两个头长，小腿和足约两个头长。

　　在服装造制作过程中，必须注意人体的比例，因为比例运用得巧妙，就会取得和谐的效果，如果比例不合适，就显得很不协调。除了注意人体高度的比例关系外，还要掌握人体的围度，因为有了长度和围度，才能计算出服装各部位的尺寸。

四、男女老幼的体态特征

　　虽然人的体型有其共同的比例关系，但由于性别、年龄不同，他们的体态也就不一样。因此，只有掌握和了解男女老幼的体态特征，并按其特征进行裁剪和制作，才能使服装适体。

（1）男性体态特征　男性体态最主要的特征是腰部以上发达，肌肉块面清楚，肩宽背平，并宽于臀部，胸部宽大，颈围较粗，腰节较低，在躯干部从肩至髋呈倒梯形，如图1-8（a）所示。

（2）女性体态特征　女性体态最主要的特征是腰部以下发达，体型呈曲线状，乳部呈圆锥隆起状，肩窄而溜，腰高而细，臀部宽大向后突出，并大于肩部，显得上窄下宽，在躯干部从肩至髋呈梯形，如图1-8（b）所示。

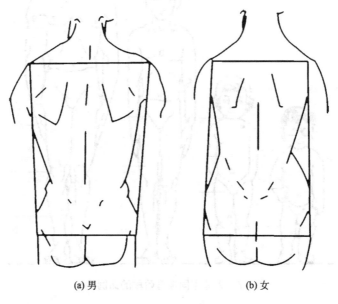

(a) 男　　　　　　　　(b) 女

图1-8　男女体态特征

（3）幼儿体态特征　幼儿体型的主要特征是腹部浑圆突腆，四肢较短，肩部和胸部都较窄。

（4）老年人体态特征　老年人的体态特征是背部呈微弓形，各部分的肌肉松弛下垂。

第二节　量体

量体是服装裁制工艺的首要一环。俗话说"量体裁衣"，这四个字精辟地概括了人体结构与服装造型的关系。量体时除了需测量有关部位的长度、围度作为裁衣时的依据外，还要细致地观察每个人的体型特征，只有这样才能使裁出的服装达到合体、舒适、美观的要求。

一、主要部位的测量方法

如图1-9所示。

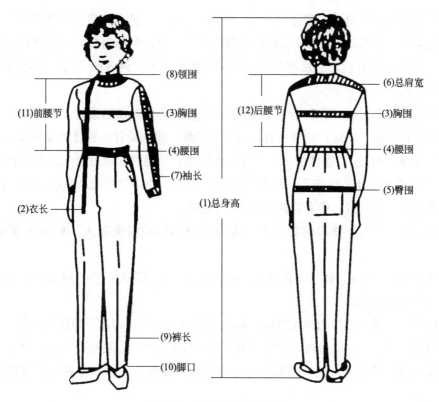

图1-9 人体主要部位测量

（1）总体高　从头骨顶点量至脚跟平齐。

（2）衣长　从颈肩点（肩领点）通过胸部最高点，向下量至衣服所需长度为止。男服装一般量至拇指第二节处，女服装一般量至手腕下3厘米处。

（3）胸围　从腋下通过胸部最丰满处水平围量一周（垫一个手指）。

（4）腰围　从腰间最细处水平围量一周（垫一个手指）。

（5）臀围　在臀部最丰满处水平围量一周（垫一个手指）。

（6）总肩宽　从后背左肩骨外端点（肩袖点）量至右肩骨外端点。

（7）袖长　从肩骨外端点（肩袖点）向下量至所需长度止。

（8）领围　从喉骨下围量一周（软尺内可垫入一个手指）。

（9）裤长　从腰部最细处开始向下量至所需长度止。

（10）脚口　随式样或穿着者的要求决定尺寸大小。

（11）前腰节　从肩领点量至腰间最细处（通过胸部丰满处）。

（12）后腰节　从肩领点量至腰间最细处（通过后背处）。

二、非正常体型的测量

人的体格形态受年龄、性别、劳动及遗传等因素的影响，形成了各种不同的体形，因此在量体时，必须对被测量者的体型做周到、细致地观察和分析。

非正常体型大致有挺胸、驼背、凸肚、翘臀、肥胖、扛肩、溜肩、高低肩等。

（1）挺胸体　符号q，胸部发育特别丰满，后背平担，头部向后仰，在测量长度时，应先量后身，作为标准长度，然后再量前身，前后腰节平齐，两者的差数，即为挺胸体挺胸部分应加长的尺寸。

（2）驼背体　符号p，背部突出，胸部微屈，头部前倾，在测量时，应先量后身作为标准长度，然后再量前身，前后腰节平齐，两者的差数，即为驼背体驼背部分应加长的尺寸。

（3）凸肚体　符号d，腹部突出，肚围大于胸围，测量时应以后衣长为标准长度，再量前身，前后衣长底边处必须平齐，两者的差数，即为凸肚体前身应加放的尺寸。凸肚体的裤子应水平围量一周肚围，作为前裤片制图时的依据。

（4）翘臀体　符号b臀部向后突出，裁剪时后裆斜线斜度加大，以满足臀部翘突的需要。

（5）肥胖体　符号q，体型丰满肥胖，腹大于胸，肩狭背厚，腰粗腹凸，除测量一般部位外，应加量袖根部位。

（6）扛肩　符号±，双肩向上紧凑，肩胛骨和肩峰突起，因而小肩线较平坦。

（7）溜肩　符号↑，双肩向下倾斜，因而落肩较正常体大，必要时可加厚垫肩。

（8）高低肩　符号↑，两肩高低不一，测量两肩高低数，标明左右，采用不同厚度的垫肩进行修正。

三、测量说明及注意事项

① 量体时必须掌握人体各有关部位的情况，才能测出准确尺寸。与服装有关的人体部位主要有颈、肩、背、胸、腋、腰、胯、腹、臀、腿根、膝、踝、臂、腕、虎口、拇指、中指等，必要时可加量某一部位尺寸。若被测量者有挺胸、驼背、溜肩、腆腹等特征，即应做出记录，以便裁制时做相应的调整。

② 除颈围测量要求在衬衣领内贴体量以外，其他各部位在衬衣、单裤外测量。

③ 在测量女体腰节时，先固定好腰间最细处，然后再测量，固定位置必须保持前后平衡。

④ 测量时必须注意被测者姿态自然、端正、呼吸正常，力求测量数据准确。

⑤ 测量统一以左侧为准，测量时要按顺序进行，以免有些部位漏量。

⑥ 测量手法：软尺要平坦，不宜过紧或过松，测量长度时尺要垂直，测量横度时，尺要保持水平。

⑦ 测量尺寸应区别服装种类、品种，采取不同的放松度，一般男装较长较宽松，女装较短较适体，童装则应注意宽大些，以适应其活泼好动、发育较快的特点。男、女服装加放尺寸见表1-1和表1-2。

表1-1 各种上衣量体及围度加放标准 单位：寸

类别	品种	长 度 标 准		围 度 加 放		
		衣长	袖长	胸围	腰围	领大
男装	短袖衬衫	手腕下0.5寸	肘关节上2寸	5.5～6		1
	长袖衬衫	手腕下1寸	手腕下0.8寸	5.5～6		1
	西装	拇指尖	手腕下0.5寸	5.5～6		1～1.5
	中山装	拇指中节	手腕下1寸	6		1.5
	棉衣（罩衫）	拇指中节	手腕下1寸	7		1.5～2
	呢料大衣	膝盖下2～4寸	手腕下2寸	8		3
女装	短袖衬衫	齐手腕	肘关节上2寸	4		1
	长袖衬衫	手腕下0.5寸	手腕下0.8寸	4		1
	连衣裙	手腕下1～2寸		3～3.5	2.5	1
	西装	手腕下2寸	手腕下0.5寸	4～4.5		1～1.5
	两用衫	手腕下2寸	手腕下0.5寸	5		1.5
	棉衣（罩衫）	手腕下2寸	手腕下1寸	6		2
	呢料外套	拇指尖	手腕下1.5寸	7		2.5
	呢料大衣	膝盖下1～2寸	手腕下2寸	7～8		3
童装	短袖衬衫	手腕下0.5寸	肩头至肘关节1/2处	4		1
	长袖衬衫	手腕下1寸	手腕下0.5寸	4		1
	连衣裙	齐膝盖		3.5～4.5	2	1
	西装	手腕下1.5寸	手腕下0.5寸	4.5～5		1～1.5
	两用衫	手腕下1.5寸	手腕下1寸	5		1.5
	大衣	膝盖下2～3寸	手腕下2寸	8～9		2.5
说明	1.表中所列加放标准，量体基础均指衬衫外测量 2.如毛衣外测量应比表中少加放1寸左右 3.如棉衣外测量应比表中少加放2寸左右					

注：1寸=3.3cm。

表 1-2　各种裤子量体加放标准　　　　　　　　单位：寸

品种	臀围加放		腰围加放		测量基础
	春秋	冬季	春秋	冬季	
女普通裤	2.5～3	3～3.5	0.5～1	1～1.5	单毛裤外量
男普通裤	4～6	4～7	0.5～1	1～1.5	同　上
女青年裤	2.5～3	2.5～3.5	0.8	1	同　上
男青年裤	4～6	4～7	0.8	1	同　上
短　裤	3～4		0.8		同　上
宽　松　裤	4～5	5～6	0.8	1	同　上
儿　童　裤	4～5	5～6	0.6	1	同　上

⑧ 冬季做夏季衣服或夏季做冬季衣服，要注意被测量者所穿衣服的厚薄，对所量尺寸做相应的增减。

⑨ 由于各人年龄、爱好、习惯、工作性质不同，因而在长度、围度等主要尺寸上，都要与被量者商量、征求意见，做好记录，并应画图标明。

第三节　裁剪常用工具及制图符号

在服装造型中，制图是一项重要内容，它是以人体测量后的尺寸为依据然后进行绘制的。制图时按规定的比例，通过缩小或放大画在纸上或服装面料上。因此，必须了解服装造型中所需要的工具及制图符号。

一、工具

在服装造型设计中，常用的工具有如下几种，如图1-10所示。

（1）三角板　三角板是角度的标准尺，除能准确画出纵、横线所成的90°角外，还可用来画垂直线和平行线。

（2）大、小弯尺　大、小弯尺主要用来画直尺所不能画的弯形曲线，如上衣的驳头，袖子的弯弧，上衣的底摆、裤子的侧缝等。

（3）曲线板　曲线板主要用来画直尺、小弯尺所不能画的圆滑曲线，如领口曲线、袖窿弧线等。

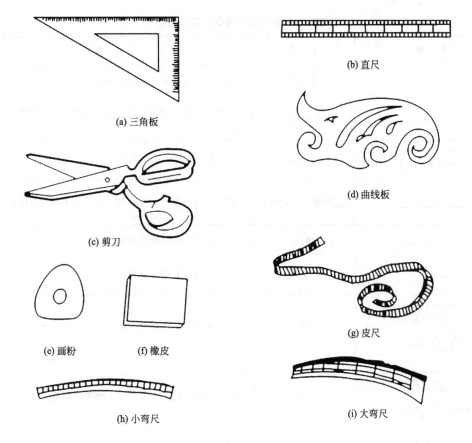

(a) 三角板

(b) 直尺

(c) 剪刀

(d) 曲线板

(e) 画粉　(f) 橡皮

(g) 皮尺

(h) 小弯尺

(i) 大弯尺

图1-10　裁剪常用工具图

（4）米尺　米尺是用来绘制实际尺寸样板图或量面料长度以及测量人本各部位尺寸的。米尺大都是木制的，尺上的单位有公制和市制两种，可正反两面使用。

（5）皮尺　皮尺又名软尺，是用来测量人体各部位尺寸的重要工具之一。一般是用塑料制成的，单位有公制和市制两种，使用起来比较方便。

（6）铅笔　铅笔主要用来绘图，勾画草图用4H硬铅，绘正式图以用HB铅笔为宜。

（7）橡皮　橡皮主要用来修正错误。

（8）画粉　画粉又称粉片，裁剪时画线用。

（9）剪刀　剪刀有家用剪刀和西式剪刀两种。有大小之分，裁剪时使用较大的西式剪刀。

二、制图符号

在服装造型设计中，常用的工艺线条及符号，如表1-3所列。

表1-3　制图工艺线条及符号说明

符 号	名 称	说 明
———— — — ——	基本线	裁剪服装首先画出的基本细线
—／——	轮廓线	通过直横线条构成完整的衣片轮廓实线，裁剪时必须加放缝头
⌒⌒⌒	等分线	表示某段距离平均几等分
— — · — — · — —	连折线（点划线）	表示衣片对折线，系衣料上下相通不可裁开的线
– – – – – –	虚线	表示不可见轮廓线或辅助线
⊢／／／⊣	距离线	指某部位或某段距离尺寸
⫽⫽⫽⫽	褶	折叠部分，不必缝合。如：裤前片的两褶
≫≫≫	少	衣片上缝去的两部分。如：胸省肩省等
✕	拼接线	某部件是几片拼接起来的
⌒⌒⌒	归缩线（归拢）	缝制时衣片的某部位要求缩紧，归并合拢
∧∧∧	伸长线（拨开）	缝制时衣片的某部位必须拉伸
←$\frac{1}{10}$胸+3→	注寸算式	表示这一部位计算公式
≡≡≡≡	缉线	表示衣片的缝线
⦀⦀⦀	塔克（细裥）	表示衣片折叠后用缝纫机缉狭线条
⌐_	垂直	表示两条直线互相垂直，即交角为90°

第四节　裁剪术语

裁剪术语是服装行业中有关生产方面不可缺少的专业语言，每一裁片、部件、画线都有自己的名称。这些名称大多取自人体的部位，例如，在前身部位的称为前身，在后身部位的称为后身。线条名称也是这样，如胸围线在胸部，臀围线在臀部。又如各种裥，在肩部的称为肩裥，在袖口的称为袖裥。也有以用途命名的，如手巾袋等。还有以形象命名的，如袖子上部弧线像个山头，就称它为袖山。

一、常用术语

（1）布口　布口是指一段布料剪断处，与布边垂直。

（2）横线　横线是指与布边垂直的线或与布口平行的线。

（3）直线　直线是指与布边平行的线，垂直于横线。

（4）画顺　画顺是指直线与弧线的连结，或弧线与弧线的连结。

（5）劈势　劈势是指裁剪线与基本线的距离。

（6）翘势或起翘　翘势或起翘是指底边、袖口、裤腰与基本线（指横的纬纱方向）的距离。

（7）止口　服装的门襟、里襟、领子、腰头等部位的边沿处叫止口，沿服装边沿缝缉线称为缉止口。

（8）叠门（搭门）　叠门是衣服前门襟、里襟、留放锁眼和钉扣的部分，因其两边相互重叠，所以叫叠门。

（9）挂面　门襟、里襟的贴边，称为挂面，一般比叠门要宽一些。

（10）拨头　拨（驳）头是指驳领类衣服，挂面上段往外翻出的部位。

（11）覆肩　覆肩也称过肩，如覆在男衬衫肩上的双层布料。

（12）褶与省　褶与省是根据体型需要作出的折叠部分，不必缝合的称褶，折叠并需要缝合起来的称省。

（13）缝份　缝份又称做份，衣服缝在反面的部分。

（14）肩领点　肩领点为衣长线与领口宽线的交点，又称颈肩点。

（15）肩袖点　肩袖点为落肩线与肩宽线的交点，又称肩宽点。

（16）胸宽点　将落肩线与袖窿深之间的胸宽线三等分，其下1/3点为胸宽点。

（17）乳高　肩领点至乳头之间的长度。

（18）乳宽　两乳头之间的距离。

（19）胸高中心点　乳高线与乳宽线的交点。

（20）袖克夫　沿袖口处的外接袖头称袖克夫，克夫系外来语。

二、服装结构图制图步骤和方法

1.确定制图方向

将布料光边靠制图者，则光边一侧称里，另一侧称外，布料右边称上，左边称下，服装制图必须遵照这个规定进行，只有掌握了制图方向，才能看懂制图说明。

2.制图步骤

服装制图步骤为先横后直，最后画轮廓线和弧线。即第一步确定长度，如画衣长线、袖窿深线、腰节线、裤长线、横裆线、中裆线等。第二步确定宽度，如画领宽线、胸宽线、胸围大线、臀围大线、腰围大线等。第三步再定点作弧，画轮廓线，定点作弧时，要求定点准确，作弧圆顺。

3.布料纱向的使用规定

衣料经向为直料，纬向为横料。衣长、裤长、袖长均为经向用料。领面、袋盖、袖克夫等均为纬向用料。喇叭裙、领里、滚牙条等均为斜纱用料。如图1-11和图1-12所示。

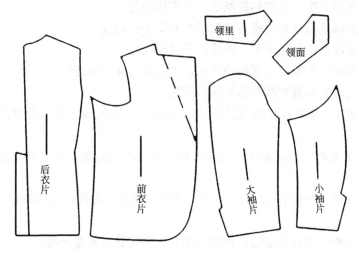

图1-11　上装布料纱向

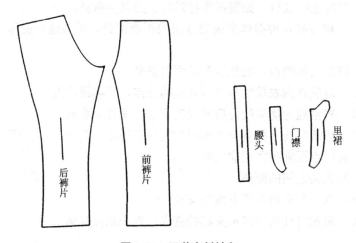

图1-12　下装布料纱向

第五节 服装裁剪注意事项

服装裁剪过程中，应注意下列几点。

（1）衣料鉴别 由于各种衣料的纤维原料不同，性质各异，需要认真辨别，以便在缩水、画裁、缝制、烫熨过程中采取相应的措施，保证成衣的质量。

（2）缩水处理 衣料在经过纺织、印染及拉幅、轧光等整理工艺过程后都会有所伸长，所以当再遇潮、水洗时，就会自然抽缩。不同品种的纺织品伸缩率各不相同，见表1-4。一般棉布及人造纤维织物的缩水率较大，应先经缩水后再用，而合成纤维等混纺的织物缩水率较小，可不经缩水处理或只作喷水晾干即可使用。

（3）识别面料的正、反面 有的织物正、反面判别明显，有的织物却不易辨别，需认真观察识别。一般来讲，正面平整光洁，组织纹路较清晰，反面则较昏暗粗糙，布毛、纱结较多。画裁时，画粉要画在衣料反面，画粉最好用浅色的。

灯芯绒、长毛绒、呢料的绒面具有倒顺毛的特征，裁剪时必须按上下的方向一致顺排，不能颠倒画裁，以免出现光色深浅不同的毛病，一般应顺毛向上。有图案的衣料要注意图案的一致性，有倒顺格的衣料，要对好格子画裁。

（4）矫正纬斜 有的衣料在染整过程中产生了纬斜现象，即两横布边对折后，出现双层各向对角斜出的状况，应在缩水后尚未晾干前用手或用熨斗向相反的斜向抻拉或熨烫，使纬斜矫正后再用，切不可将布角剪掉，以免成衣穿洗后变形走样（见图1-13）。

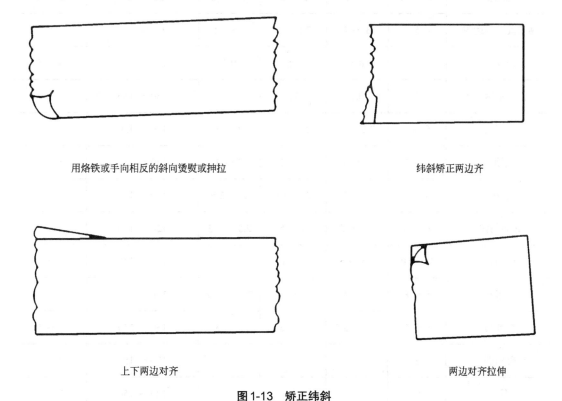

用烙铁或手向相反的斜向烫熨或抻拉　　　　　　　　　纬斜矫正两边齐

上下两边对齐　　　　　　　　　　　　两边对齐拉伸

图1-13　矫正纬斜

表1-4　衣料伸缩率

原料名称	伸缩率/%				耐热度/℃	原位熨烫时间/s
	经向		纬向			
	水缩	热缩	水缩	热缩		
全棉府绸	4～6	3	3～4.5	2	150～160	3～5
印花布类	5～7	3.5	4～5	3	160～170	3～5
绒布	5～7	3.5	3～4	2.5	150～160	3～5
丝绸					真丝110～130 人造丝110～140 尼龙丝90～100	3～4
锦纶类	1.5～3	0.7～1.2	1～1.5	0.5～1	120～150	5
维棉类	3～5.5	2.5～4	2.5～3.5	1.5～2.5	120～150	3～5
腈轮类	1.5～3	0.7～1.2	1～1.5	0.5～1	120～150	5
丙棉混纺	2.5～4	2～3	2～3	1.5～2	80～100	3～4
绵卡其、华达呢	5	3～4	2.5～3	2～2.5	60～170	5
涤棉类	1	0.5	0.5	0.5	120～170	3～5
涤棉华达呢	1	0.5	0.5	0.5	130～150	5
灯芯绒	6～7	2.5～4	3～4.5	2～3	120～130	3～5
平绒	6～7	3～5	3～5	2～4	120～130	3～5
漂布	4～5	2～3	2.5～3	2～2.5	130～150	5
市布斜纹	6～8	3.5～5	3～5	2.5～3.5	120～130	5
劳动布	9～10	3.5～5	4～6	3～5	120～140	5
白粗布	5～8	2～3	3～4	1.5～2.5	130～180	5
白细布	6～7	2.5～3.5	3～5	2～3	130～170	3～5
美丽绸	8		2		120～150	3～4
羽纱	12		3		120～150	3～4

（5）衣料检查　在制图裁剪前，应对衣料有无残疵、油污等情况进行全面检查，如发现有上述问题，应做出记号，然后再安排画裁，以便躲开弊病处，轻者可用在零料或不明显的部位，重者则应另换衣料。

（6）画图顺序　应先画主件，后画附件（按顺序应先画前片、后片，后画大袖、小袖和领子），最后安排画零料。但在画裁时，必须注意照顾零部件，以免布料不够。

（7）裁剪排料　排料要紧凑，注意衣料经纬纱的方向，不明显的部位和零件，可适当互借、拼接。如裤子可拼后裆衩、拼后翘，上衣可拼小袖或拼袖衩，腰头、领里、挂面、兜盖里均可拼接。裁剪中遇到衣料刚够衣长、袖长或裤长尺寸，但不够折边用料时，可另加贴边解决。如大衣、上衣的下摆贴边、袖口贴边或裤子脚口贴边等。

有些不敞胸的上衣门襟（像男、女衬衫，女外衣等）最好采用连挂面，如布料不够宽，也可另加挂面。

（8）放缝份　教材中所画轮廓线，均为净粉制图，在裁剪时必须另放缝份，一般缝份为1cm，领子及袋盖等止口部分，只需留0.7cm，而来去缝则需要留缝份1.3～1.7cm。

（9）放头　是指服装裁剪时，对人体某些容易发胖的部位，多留一些缝份，以备加放之需，称为"留放头"，如裤子的后裆斜线上端，大衣、上衣的摆缝、袖缝、裤子侧缝、下裆缝等处所留的放头。

（10）复查　画完裁片粉线后，必须进行复查，待确定无误后，方可裁剪。

第六节　衣服用料计算

一、服装用料公式计算方法

计算用料也是一门学问，下面介绍一种既简单又较准确的计算方法，只要知道衣长、胸围、幅宽的数据，就可以较准确地计算出服装用料的数量（需另加衣料伸缩率）

（一）上衣用料计算公式

男、女上衣如中山装、西服等款式的衣料计算公式是：用四个衣长数据，减掉两个布幅宽数据，再加上胸围数据及口袋、领子的固定系数（开剪式要另加衣料　6寸）。

【例一】假设上衣衣长为22寸，布幅宽为21.5寸，胸围为34寸，口袋、领子的固定系数为6寸。

计算得：$4 \times 2 - 2 \times 21.5 + 34 + 6 = 85$寸（2.83m）

答：这件上衣需用衣料2.83m。

【例二】假设上衣衣长为22寸，布幅宽为27寸，胸围为34寸，口袋、领子的固定系数为6寸。

计算得：4×22–2×27+34+6=74寸（2.47m）

答：这件上衣需用衣料2.47m。

【例三】假设男衬衫衣长为73.3cm，布幅宽为90cm，胸围为113.3cm，固定系数为–10cm。

计算得：4×73.3–2×90+113.3–10=216.5cm（2.17m）

答：这件男衬衫需用衣料2.17m。

【例四】假设女衬衫衣长为65cm，布幅宽为90cm，胸围为100cm，固定系数为–10cm。

计算得：4×65–2×90+100–10=170cm（1.70m）

答：这件女衬衫需用衣料1.7m。

其他布幅的算料以此类推，如用双幅面料算完后再除以2，即为用料数。

（二）裤子用料计算公式

男、女长裤用料计算公式是：用裤长数据加1.5寸（卷裤口裤加3寸）为双幅面料用料数，单幅面料再加一倍。

【例一】假设裤长为32寸，腰围控制在25寸以下，腰围在25寸以上者，每大1寸，需加衣料1寸。

计算得：2×(32+1.5)=67寸 =2.24m

答：这条长裤用单幅料需用2.24m，用双幅料需用1.12m。

二、服装用料估算方法

用公式计算虽然比较准确，但较麻烦。在单量单裁中，用"估算"的方法来确定用料数据，也是人们在实践中较喜欢使用的另一种简便方法。

表1-5～表1-10列出了各种上衣的估算用料数据，谨供参考。

表1-5　男衬衫估算用料表　　　　　　　　　　　　单位：寸

身高/m	衣长	胸围	袖长	幅宽 用料	27	34	21.5×2（双幅）/m
（1.55）小个头	20	30	16.5		60	42	1.10
（1.60）下中个	20.5	32	17		55	46	1.15
（1.65）中等个	21.5	33	17.5		60	50	1.20
（1.70）中上个	22	34	18		65	54	1.30
（1.75）高个	23	36	18.5		70	58	1.40

表1-6　女衬衫估算用料表　　　　　　　　　　　　　　　单位：寸

身高/m	衣长	胸围	袖长 用料	幅宽 27	34	21.5×2（双幅）/m
（1.50）小个头	18.5	28	15.5	48	36	1.00
（1.55）下中个	195	39	16	50	40	1.05
（1.60）中等个	19.5	30	16.5	52	42	1.10
（1.65）中上个	20	31	17	54	44	1.15
（1.70）高个	21	33	17.5	58	46	1.20

表1-7　男短初衫估算用料表　　　　　　　　　　　　　　单位：寸

身高/m	衣长	胸围	袖长 用料	幅宽 27	34	21.5×2（双幅）/m
（1.55）小个头	19.5	30	6.2	45	37	0.90
（1.60）下中个	20	31	6.4	46	38	0.95
（1.65）中等个	21	33	6.6	50	42	1.00
（1.70）中上个	21.5	35	6.8	54	45	1.10
（1.75）高个	22.5	37	7	60	50	1.20

表1-8　女短袖衫估算用料表　　　　　　　　　　　　　　单位：寸

身高/m	衣长	胸围	袖长 用料	幅宽 27	34	21.5×2（双幅）/m
（1.50）小个头	18	28	5.8	36	28	0.85
（1.55）下中个	18.5	29	6	39	31	0.88
（1.60）中等个	19.5	30	6.2	40	34	0.90
（1.65）中上个	20	31	6.4	43	36	0.95
（1.70）高个	20.5	33	6.6	46	38	1.00

表1-9　中山服（男西服）估算用料表　　　　　　　　　　单位：寸

身高/m	衣长	胸围	袖长 用料	幅宽 27	34	21.5×2（双幅）/m
（1.55）小个头	20	31	16.5	68	60	1.30
（1.60）下中个	20.5	32	17	72	63	1.35
（1.65）中等个	21.5	33	17.5	76	65	1.45
（1.70）中上个	22	34	18	82	70	1.55
（1.75）高个	23	36	18.5	88	75	1.65

表 1-10 女（上衣、西服）估算用料表　　　　　　　单位：寸

身高/m	衣长	胸围	袖长 用料 幅宽	27	34	21.5×2（双幅）/m
（1.50）小个头	18.5	29	15.5	57	50	0.85
（1.55）下中个	19	30	16	60	52	0.88
（1.60）中等个	19.5	32	16.5	65	55	0.90
（1.65）中上个	20.5	33	17	70	60	0.95
（1.70）高个	21.5	34	17.5	75	65	1.00

第七节　怎样测量成品服装

有时因特殊情况，无法量到本人身体尺寸，可测量本人的服装，取得数据。但测量前应核实该服装本人穿着是否合适，是否需要进行某些方面的修正，然后再量，测量方法如图1-14所示。

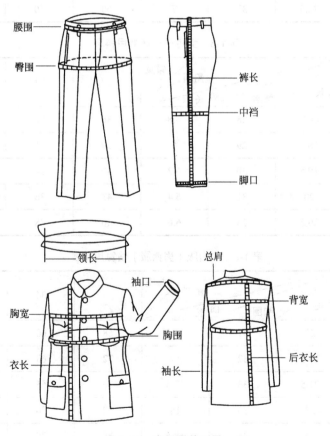

图1-14　成品服装测量

第八节 服装统一号型简介

1974年轻工业部和商业部为了制定全国统一服装规格标准，在全国21个省市分别组织了人体的测量调查小组，测量了近四十万人的体型。在占有大量调查数据的基础上，应用数学上"条件分布"的原理对测量数据作了综合分析，找出了我国群众基本体型变化规律，制定了国家号型标准。

全国统一的服装号型是由轻工部主持制定的，并由国家标准总局正式颁布，从1982年元旦起，在全国服装行业正式实行。

一、号型定义和号型系列

1.号型定义
服装号型是根据正常人体的规律和使用需要，选出最有代表性的部位，经合理归并设置的。"号"指高度，是以厘米表示的人体总高度，是设计服装长短的依据；"型"指转度，是以厘米表示的人体胸围或腰围，是设计服装肥瘦的依据。

2.号型系列
① 号型系列设置：以中间标准体（男子总体高165cm、胸围88cm、腰围76cm，女子总体高155cm、胸围84cm、腰围72cm）为中心，向两边依次递增或递减组成；总体高130cm以下的，则以81cm为起点，胸围、腰围均以50cm为起点，依次递增组成。服装规格亦应按此系列进行设计。

② 总体高分别以7cm、5cm、3cm分挡，组成系列。

③ 胸围、腰围分别以4cm、3cm、2cm分挡，组成系列。

二、号型标志

在服装上必须标明号、型。表示方法：号与型之间用斜线分开，例：165/88。可附加以厘米为单位的成品规格。

三、号型应用

1."号"：服装号的数值，适用于总体高相近似的人。例：服装95号，适用于总体高92～98cm的人。服装165号，适用于总体高163～167cm的人。以此类推。

2."型"：服装型的数值，适用于胸围或腰围相近似的人。例：上装类88型，适用于胸围86～89cm的人。下装类76型，适用于腰围75～77cm的人。以此类推。

号型系列设置可见表1-11。

表 1-11　号型系列设置

身高/m	衣长	胸围	袖长	27	34	21.5×2（双幅）/m
（1.50）小个头	18.5	28	15.5	48	36	1.00
（1.55）下中个	195	39	16	50	40	1.05
（1.60）中等个	19.5	30	16.5	52	42	1.10
（1.65）中上个	20	31	17	54	44	1.15
（1.70）高个	21	33	17.5	58	46	1.20

（表头斜线项：用料、幅宽）

 ## 习　题

1.人体是由哪几部分组成的？

2.人体的骨骼与服装的量裁有什么关系？

3.我国男、女平均总身高是多少？人体各部位比例是多少？

4.男、女、老、幼的体态都有哪些特征？

5.量体裁衣的含义是什么？

6.测量中有哪些注意事项？

7.对几个主要部位应怎样测量？

8.如何测量非正常体？

9.裁剪有哪些常用工具？

10.制图时有哪些常用线条，怎么画？

11.熟记常用裁剪术语。

12.服装裁剪制图的顺序是什么？

13.画图说明裁片的纱向要求。

14.缩水有几种办法？怎样纠正纬斜？

15.裁剪前为什么要识别面料？

16.裁剪排料有什么要求？

17.怎样放缝份和留放头？

18.服装裁剪应注意哪些事项？

19.什么是服装号型？

20.如何根据测量尺寸选择号型？

裤子裁剪制图

裤子各部位线条名称如图2-1所示。

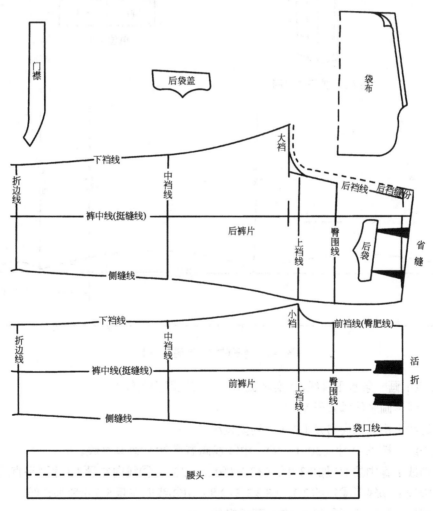

图2-1　裤子各部位线条名称

第一节　裤子制图步骤

　　本款式为普通长裤。结构为前后裤片各两块。上腰头，左右侧缝做插袋，便于穿脱，左右前裤片腰口处各收两个活褶，左右后裤片腰口处各收两省缝。造型特点：臀部较肥，上裆较长，腿部较宽松，脚口适中，穿着舒适，活动方便见图2-2。裤子的制图步骤见图2-3～图2-8。

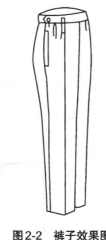

范例规格	
裤长	30
臀围	32
腰围	24
脚口	6.4

单位：寸

图2-2　裤子效果图

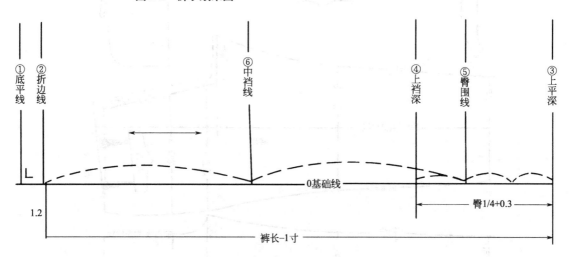

图2-3　裤子前裤片制图（一）

　　0基础线：画一条水平直线，（实际裁剪中，布边即为此线）。

　　①底平线：画竖线垂直于基础线。

　　②折边线：由①线向右量1.2寸，划垂直线。

　　③上平线：裤长–1寸（30–1=29），由②线向右量29寸画垂直线。

　　④上裆线：臀围的1/4加0.3寸。（32÷4+0.3=8.3）由③线向左量8.3寸画垂直线。

　　⑤臀围线：③线至④线的2/3，（8.3÷3=2.8）由③线向左量5.6寸划垂直线。

　　⑥中裆线：取②线至⑤线的1/2，画垂直线。

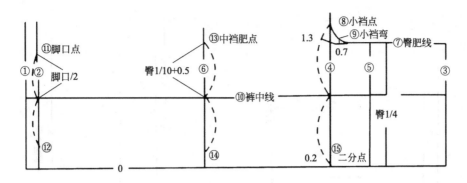

图2-4　裤子前裤片制图（二）

⑦ 臀肥线：臀围的1/4（32÷4=8），由基础线向上量8寸画横线与基础线平行。

⑧ 小裆点：定数1.3寸。由⑦线沿④线向上量1.3寸，画点。

⑨ 小裆弯：由小裆点画弧线至⑦线，角分线长度0.7寸。

⑩ 裤中线：取⑧点至基础线1/2画横线与基础线平行。

⑪ ⑫ 脚口点：脚口的1/2（6.4÷2=3.2），由⑩线沿②线上下各量3.2寸画点。

⑬ ⑭ 中裆肥点：臀围的（1/10+0.5=3.7）由⑩线沿⑥上下各3.7寸画点。

⑮ 二分点：由基础线沿④线向上0.2寸画点。

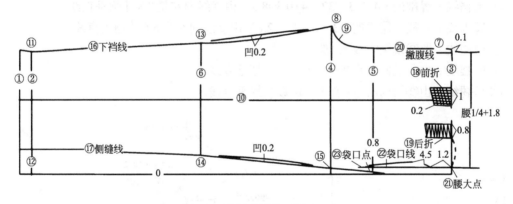

图2-5　裤子前裤片制图（三）

⑯ 下裆线：由⑪点画线连接⑬点、⑧点。然后在⑬点至⑧点之间凹进0.2寸，弧线画顺。

⑰ 侧缝线：由⑫点画线连接⑭点、⑮点顺势延长到基础线。

⑱ 前褶位：由⑩线沿③线向下量0.2寸，再向上量0.8寸，前褶大约1寸。

⑲ 后褶位：取基础线至⑩线1/2画短横线，再向上量0.8寸画短横线为后褶位。

⑳ 撇腹线：由⑦线沿③线向下量0.1寸定点，与⑦线画顺。

㉑ 腰大点：腰围的1/4+1.8=7.8，由⑳线沿③线向下量7.8寸画点。

㉒ 袋口线：由基础线沿⑤线向上量定数0.3寸，画横线与腰大点相连，为袋口净粉。

㉓ 袋口点：由③线沿㉒线向左量1.2寸画点，再由此点向左量4.5寸画点。

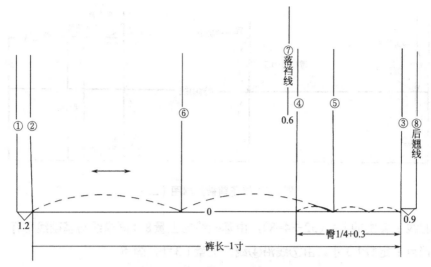

图2-6　裤子后裤片制图（一）

0基础线：画一条水平直线。（实际裁剪中，布边即为此线）。

① 底平线：画竖线垂直于基础线（实际裁剪中，布头即为此线）。

② 折边线：由①线向右量1.2寸，画垂直线。

③ 裤长线：裤长–1寸（30–1=29），由②线向右量29寸画垂直线。

④ 上档线：臀围的1/4+0.3（32÷4+0.3=8.3）由③线向左量8.3寸画垂直线。

⑤ 臀围线：③线至④线的2/3（8.3÷3=2.8）由③线向左量5.6寸画垂直线。

⑥ 中档线：取②线至⑤线的1/2。

⑦ 落档线：由④线向左量0.6寸（定数）划垂直线。

⑧ 后翘线：由③线向右量0.9寸（定数）划垂直线。

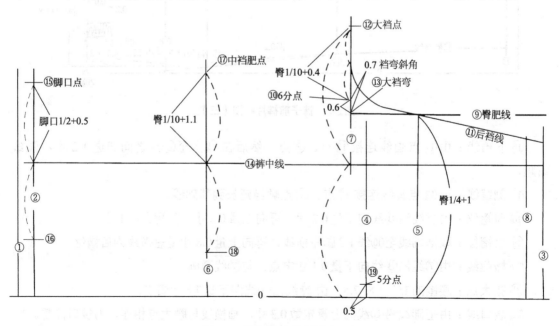

图2-7　裤子前裤片制图（二）

⑨ 臀肥线：臀围的1/4+1（32÷4+1=9），由基础线沿⑤向上量9寸，画线与基础线平行。

⑩ 6分点：定数0.6寸，由⑨线与⑦线交点沿⑦线向上量0.6寸画点。

⑪ 后裆线：由6分点画直线经⑤线与⑨线交点，至⑧线。

⑫ 大裆点：臀围的1/10+0.4寸（32÷10+0.4=3.6），由6分点沿⑦线向上量3.6寸画点。

⑬ 大裆弯：由⑩点至⑫点1/2处画弧线圆顺到⑪线，裆弯斜角0.7寸。

⑭ 裤中线：⑫点至基础线的1/2处画横线与基础线平行。

⑮ ⑯ 脚口点：脚口的1/2+0.5寸（6.4÷2+0.5=3.7），由⑭线沿②线向上、下各量3.7寸画点。

⑰ ⑱ 中裆肥点：臀围的1/10+1.1寸（32÷10＋1.1=4.3），由⑭线沿⑥线向上、向下各量4.3寸画点。

⑲ 5分点：由基础线沿④线向上量0.5寸画点。

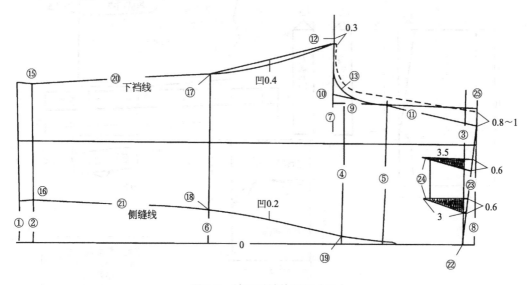

图2-8　裤子后裤片制图（三）

⑳ 下裆线：由⑮点画线连接⑰点至⑫点之间凹进0.4寸，弧线画顺。

㉑ 侧缝线：由⑯点画线连接⑱点、⑲点，顺势画到基础线，然后在⑱点至⑲点之间凹进0.2寸，弧线画顺。

㉒ 腰大点：腰围的1/4+2.2寸（24÷4＋2.2=8.2）由⑪线与⑧交点向下斜量8.2寸在③线上画点。

㉓ 腰口线：由⑪线与⑧线交点与㉒点连接画线。

㉔ 省缝：把⑪线与⑧线交点至㉒点分三等份，定点画线与㉓线垂直，分别为前后省缝的中心线，两省长分别为3寸、3.5寸，宽各为0.6寸。由中心线两面平分，画成锥形。

㉕ 后裆缝份：后裆缝份须另放，大裆点处为0.3寸，转弯处开始逐渐加宽，到腰口处应为0.8～1寸。虚线为裁剪线，缝制时后裆沿净线缝合，缝份由窄变宽，可使后裆平服，且缝份不宜并上。

第二节　女裤零部件及排料图

　　双腰头是腰头面和里子用一块布双折即可，省工省料，简便易做，是家庭做衣中通常采用的一种方法。女裤零部件及排料图见图2-9。

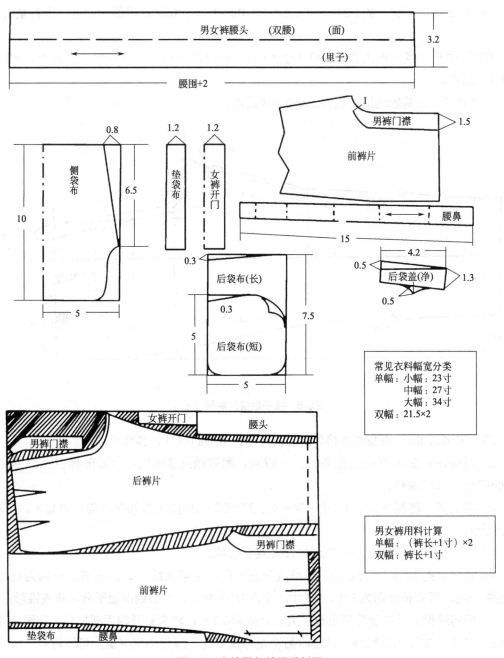

图2-9　女裤零部件及排料图

第三节　后裤片简易裁剪方法

把裁好的前裤片摆在准备裁后裤片的布料上，依照前裤片进行缩放，画后裤片，这种方法比单画后裤片要简便得多，是单量单裁中普遍采用的一种方法，图2-10中虚线为前片，实线为后片。

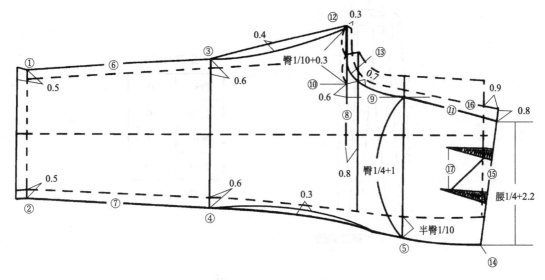

图2-10　后裤片简易裁剪

① ②脚口大：依照前片裤脚，上下各放出0.5寸画点。

③ ④中裆肥：依照前裤片中裆，上下各放出0.6寸画点。

⑤ 臀围点：半臀的1/10（16÷10=1.6），由前片侧缝向下量1.6寸画点。

⑥ 下裆线：由①点画线与③点连接。

⑦ 侧缝线：由②点画线与④点、⑤点连接，在④点与⑤点之间凹0.3寸，弧线画顺。

⑧ 落裆线：由上裆线向左量0.8寸，画垂直线。

⑨ 臀肥线：臀围的1/4+1寸（32÷4+1=9），由⑤点沿臀围线向上量9寸画水平横线。

⑩ 6分线：由⑨线沿⑧线向上量0.6寸画点。

⑪ 由6分点划线，经⑨线与臀围线交点延长到裤长线，向右出后翘0.8寸。

⑫ 大裆点：臀围的1/10+0.3寸（32÷10+0.4=3.6）由6分点沿⑧线向上量3.6寸画点，⑫点画线与③相接，中间凹0.4寸，画圆顺。

⑬ 大裆弯：和单画后片相同，斜角处0.7寸，弧线画顺。

⑭ 腰大点：腰围的1/4+2.2寸（24÷4+2.2=8.2），由后翘向裤长线斜量8.2寸画点，⑭点画线与⑤点相接。

⑮ 腰口线：由后翘点至⑭点画线。

⑯ 后裆缝份：后裆缝份和单画相同。

⑰ 省缝：省缝画法和单画相同。

第四节　女筒裤

　　本款式上裆较短，脚口可大可小，或裁成直筒裤，适应女青年穿着。裤子效果图见图2-11。裤子裁剪图见图2-12。

　　量体：臀围加放2～3寸。

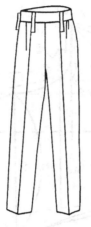

范例规格

裤长	31
臀围	30
腰围	21
脚口	6.4

单位：寸

图2-11　女筒裤效果图

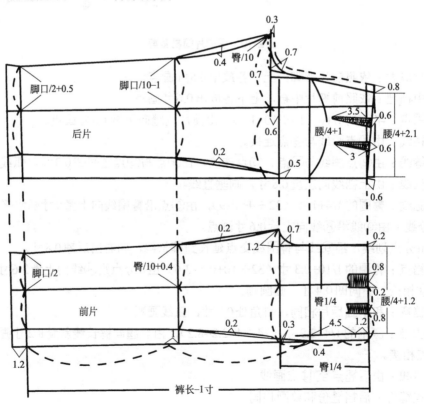

图2-12　女筒裤裁剪图

第五节　宽松裤

宽松裤是目前流行的一种款式，臀部及腿部较肥大，脚口较小，前片腰口收三个活褶，穿起来宽松、舒适、大方，深受男女青年喜爱，宽松裤可不分男女，裁法相同。效果图见图2-13，裁剪图见图2-14。

范例规格	
裤长	30
臀围	32
腰围	23
脚口	5.2

单位：寸

图2-13　宽松裤效果图

量体：臀围加放4～6寸。

注：△三角块表示前后片的数值相等。

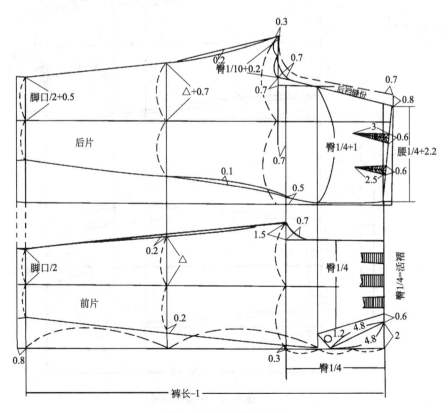

图2-14　宽松裤裁剪图

第六节 中裤

图2-15 中裤效果图

中裤长度一般到膝盖以下2～4寸，男、女青年都喜欢穿，宜用白色涤卡、花呢等面料裁制。效果图见图2-15，裁剪图见图2-16。

量体：臀围加放2～3寸。

范例规格

裤长	31
臀围	32
腰围	24
脚口	6.4

单位：寸

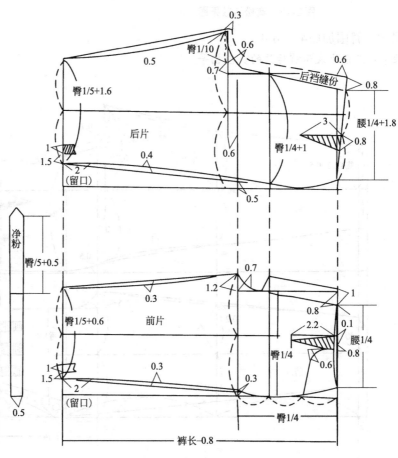

图2-16 中裤裁剪图

第七节 短裤

短裤后片的脚口大应根据下裆长度计算，如图中等分线所示，下裆越长，脚口越小，反之越大。短裤效果图见图2-17，裁剪图见图2-18。

量体：臀围加放3～4寸。

图2-17 短裤效果图

范例规格	
裤长	11
臀围	32
腰围	23

单位：寸

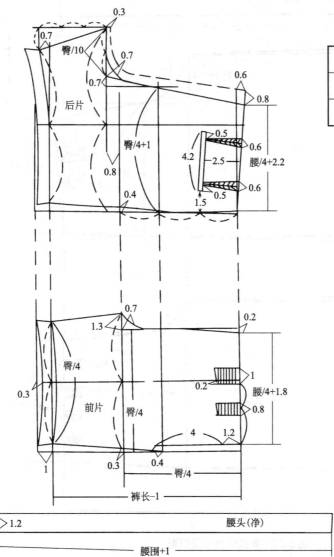

图2-18 短裤裁剪图

第八节　宽松式裙裤

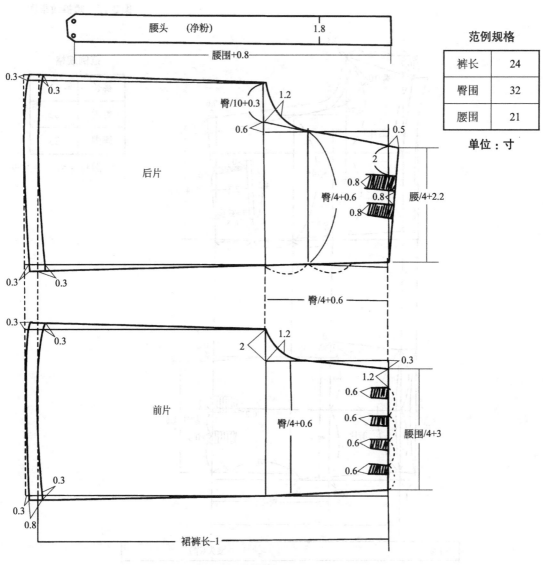

图2-19　宽松式裙裤效果图

　　宽松式裙裤是新潮款式，宽松大方，潇洒飘逸，很受女青年的喜爱，可采用下垂性较强的各种面料裁制。图2-19为宽松式裙裤效果图，宽松式裙裤裁剪图如图2-20所示。

　　量体：臀围加放4～5寸。

范例规格	
裤长	24
臀围	32
腰围	21

单位：寸

腰头　（净粉）　　　　1.8

腰围+0.8

0.3　0.3

后片

臀/10+0.3　1.2

0.6　　　　0.5

2

0.8　0.8　腰/4+2.2

臀/4+0.6　0.8

0.3　0.3

臀/4+0.6

0.3　0.3

前片

2　1.2

0.3

1.2

0.6

臀/4+0.6　0.6

0.6　腰围/4+3

0.6

0.3

0.3　0.8

裙裤长-1

图2-20　宽松式裙裤裁剪图

第九节　萝卜裤

萝卜裤也称"丁字裤"、"V形裤"等。臀围腿部宽松，脚口收小，前腰上三角形宽腰头，前后裤片各收三个活褶。穿起来自然大方，含蓄潇洒。萝卜裤效果图和裁剪图见图2-21和图2-22。

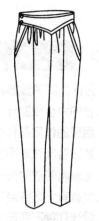

图2-21　萝卜裤效果图

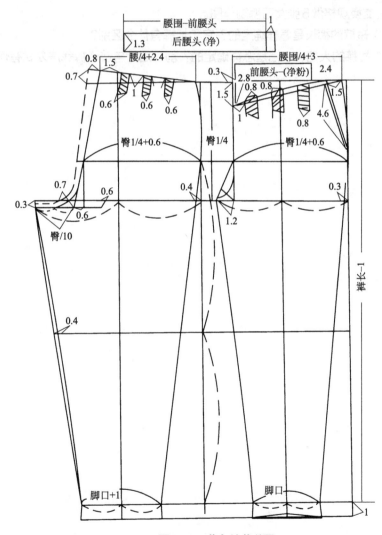

图2-22　萝卜裤裁剪图

习　题

1. 为什么裤子腰部要加褶裥和省？

2. 省的大小根据什么因素进行调整？

3. 后翘的作用是什么？

4. 熟记各部位制图公式，按规格画裁女西裤前、后裤片，并配齐零料。

5. 比较两侧放裁与一侧放裁有何不同。

6. 女裤有什么特点？它与男裤的区别在哪里？

7. 设计几种不同尺寸的女裤。

8. 宽松裤有何特点？

9. 交换规格做5张女西裤制作图。

10. 短裤的裤长是怎样确定的？它和长裤有什么区别？

11. 裙裤的大裆、小裆是怎样确定的？前、后片与普通裤裁法公式有何不同？

第三章 CHAPTER 3

四开身上衣裁剪制图

　　什么是四开身上衣呢？一般上衣主身都是由三个衣片组成的，即两个前身（也称前衣片）一个后身（也称后衣片）。前后衣片大小的比例基本有两种。一种是整个胸围分四等份，两个前衣片各占一等份，后衣片占两等份（见图3-1），这种结构称为"四开身"。另一种是把整个胸围分成三等份，两个前衣片各占一等份，后衣片占一等份（见图3-2），这种结构称为"三开身"。

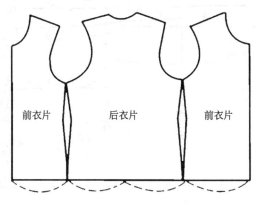

图3-1　四开身结构

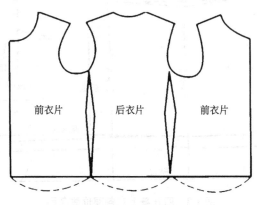

图3-2　三开身结构

一般衬衫内衣、童装、女上衣等多采取四开身结构方式；西装、中山服、大衣、外套等多采取三开身结构方式。另外还有三开半身、五开身、六开身、八开身等之说，其实这些结构形式都是在三开身、四开身的基础上开剪分割而成的，如果要分种类的话，它们只能算三开身、四开身当中变化出来的分支，而不能独成体系。

本章中的两用衫、女马甲、中老年女上衣均为四开身结构。其中两用衫作为基础裁剪法的范例，对制图步骤、画线顺序、线条名称、计算方法等都作了详细的说明，初学者只要按照说明，认真地画出两用衫裁剪图，其他上衣大同小异，按裁剪图就可以裁剪了。四开身上衣各部位线名称见图3-3。

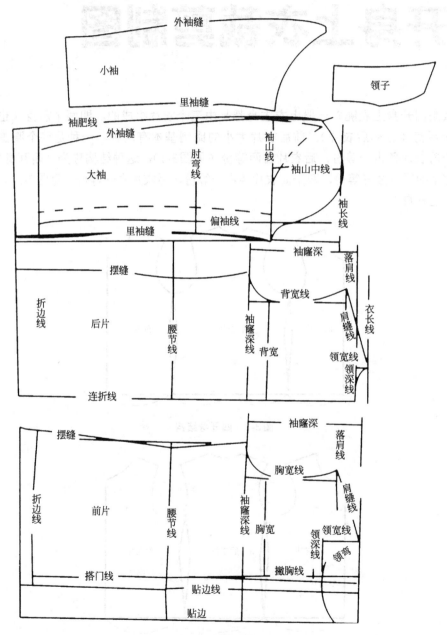

图3-3 四开身上衣各部位线名称

第一节　上衣制图步骤

　　两用衫从广义上讲是指春秋季节两用，从狭义上讲这种领子可关门，也可翻开，称"两用领"。本款式为四开身，两用领，大小袖，钉四粒或五粒纽扣，做三个斜形双开线袋，可选用涤卡、中长花呢等面料制作。图3-4为两用衫效果图，图3-5～图3-13介绍了两用衫的裁剪及排料。

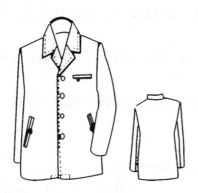

图3-4　上衣（两用衫）效果图

范例规格	
衣长	21
胸围	32
领大	12
总肩	13.6
袖长	17.5
袖口	4.8

单位：寸

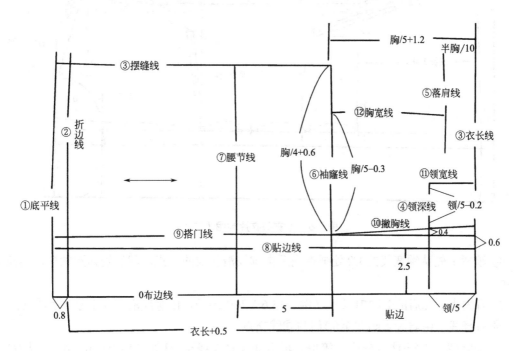

图3-5　上衣前衣片制图（一）

　　0布边线：画直线呈水平状（实际裁剪中布边即为此线）。

　　① 底平线：划竖线与布边垂直。

　　② 折边线：由①线向右量0.8寸画垂直线。

　　③ 衣长线：衣长+0.5寸（例：21+0.5=21.5），由②线沿0线向右量21.5寸画垂直线。

④ 领深线：领大的2/10（例：2/10×12=2.4），由③线沿0线向左量2.4寸画垂直线。

⑤ 落肩线：半胸围的1/10（例：32/2÷10=1.6），由③线向左量1.6寸画垂直线。

⑥ 袖窿深线：胸围的2/10加1.2（例：2/10×32+1.2=7.6）由③线向左量7.6寸画垂直线。

⑦ 腰节线：由⑥线向左量5寸画垂直线。

⑧ 贴边线：定数2.5寸，由0线向上量2.5寸画水平横线。

⑨ 搭门线：定数0.6寸，由⑧线向上量0.6寸画水平横线。

⑩ 撇胸线：定点0.4寸。由⑨线沿④线向上量0.4寸画线与⑨线连接画顺。

⑪ 领宽线：领大的2/10–0.2（例：2/10×12–0.2=2.2）或由⑩线沿④线向上量2.2寸画水平横线。

⑫ 胸宽线：胸围的2/10–0.3寸（例：2/10×32–0.3=6.1）由⑩线沿⑥线向上量6.1寸画水平横线。

⑬ 摆缝线：胸围的1/4+0.6（例：32/4+0.6=8.6）由⑩线沿⑥线向上量8.6寸画水平横线。

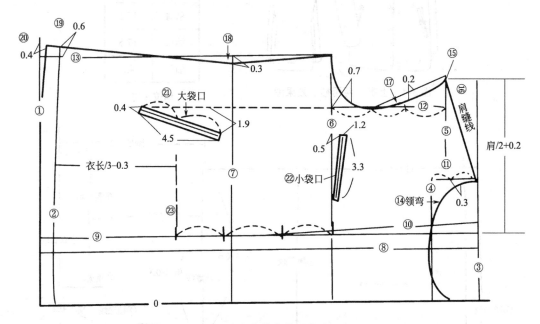

图3-6　上衣前衣片制图（二）

⑭ 领弯：先从领宽线的1/2处画直线至由⑩线沿④线的交点，然后划弧形领弯，斜角处0.3寸。

⑮ 肩大点：总肩的1/2加0.2寸（例：13.6÷2+0.2=7），由⑩线沿⑤向上量7寸画点。

⑯ 肩缝线：由肩大点画线至⑪线与③线交点。

⑰ 袖窿弯：先把⑫线分成三等份。再沿⑥线画弧线至1/3处（斜角处0.7寸）。从1/3点处画直线到肩大点。

⑱ 卡腰：腰节线处卡进0.3寸。

⑲ 下摆：由⑬线向上摆出0.6寸。

⑳ 起翘：由①线向右起翘0.4寸，画弧线与①线连接。

㉑ 大袋口：大袋口为双开线，按图3-6所画。

㉒ 小袋口：小袋口为双开线，按图3-6所画。

㉓ 扣眼：第一扣眼在袖空窿线上，第四个扣眼位于大袋口中点，其余平分。

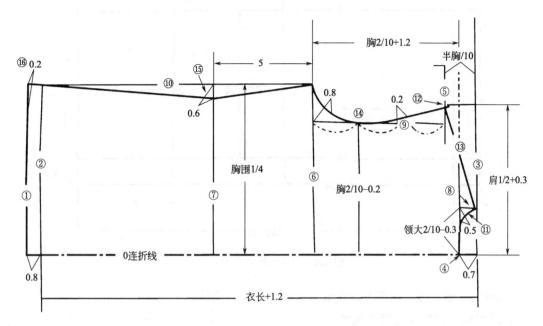

图3-7　上衣后衣片制图

0 背中折叠线：衣料顺经向折叠即为此线。

① 底平线：画竖线与叠线垂直。

② 折边线：由①线向右量定点0.8寸画垂直线。

③ 衣长线：衣长加1.2寸（例：21+1.2=22.2），由②线沿0线向右量22.2寸画垂直线。

④ 领深线：定点0.7寸。由③线沿向左量0.7寸画垂直线。

⑤ 落肩线：半胸围的1/10（例：32/2÷10=1.6），由③线向左量1.6寸画垂直线。

⑥ 袖窿线：胸围的2/10+1.2寸（例：2/10×32+1.2=7.6）由④线向左量7.6寸画垂直线。

⑦ 腰节线：由⑥线向左量5寸画垂直线。

⑧ 领宽线：领大2/10减0.3寸（例：2/10×1.2–0.3=2.2）由0线沿④线向上量2.2寸画水平横线。

⑨ 背宽线：胸围的2/10–0.2（例：2/10×32–0.2=6.2）由0线沿⑥线向上量6.2寸画水平横线。

⑩ 摆缝线：胸围的1/4（例：32÷4=8）由0线沿⑥线向上量8寸画水平横线。

⑪ 领弯：照图划弧线，斜角0.5寸。

⑫ 肩大点：总肩的1/2+0.3寸（例：13.6÷2+0.3=7.1），由0线沿⑤向上量7.1寸画点。

⑬ 肩缝线：由肩大点画线至⑧线与③线交点。

⑭ 袖窿弯：照图示画弧线要圆顺。

⑮ 卡腰：腰节线处卡进0.6寸。

⑯ 起翘：由①线沿⑩向右起翘0.2寸，画线与①线连接。

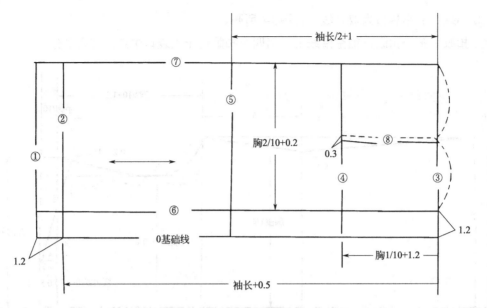

图3-8 上衣大袖制图（一）

0基础线：画横线呈水平状（实际裁剪中布边即为此线）。

① 底平线：画竖线与布边线垂直。

② 折边线：由①线向右量1.2寸画垂直线。

③ 袖长线：袖长+0.5寸（例：17.5+0.5=18），由②线向右量18寸画垂直线。

④ 袖山深线：胸围的1/10+1.2寸（例：32÷10+1.2=4.4）由③线向左量4.4寸画垂直线。

⑤ 肘弯线：袖长的1/2+1寸（例：17.5÷2+1=9.8）由③线向左量9.8寸画垂直线。

⑥ 偏袖线：定点1.2寸。由0线向上量1.2寸画水平横线。

⑦ 袖肥线：胸围的2/10+0.2寸（例：2/10×32+0.2=6.6）由⑥线向上量6.6寸画水平横线。

⑧ 袖中线：取⑥线至⑦线的1/2向下0.3寸画水平横线。

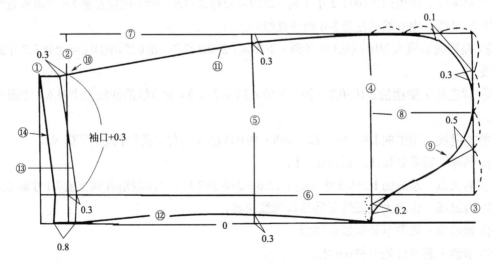

图3-9 上衣大袖制图（二）

⑨ 袖山弯：照图示画袖山弯，弧线要圆顺。

⑩ 袖口点：袖口加0.3寸（例：4.8+0.3=5.1），由⑥线沿②线向上量5.1寸画点。

⑪ 外袖缝：由袖口点向右划线，径⑦线与⑤线交点下0.3寸，画到后袖山终点，画线要圆顺。

⑫ 里袖缝：由0线与②线交点向右划线，径⑤线与0线交点上0.3寸，画到④线与0线交点，画线要圆顺。

⑬ 袖口线：由袖口点向左0.3寸画斜线至②线与⑥线交点向右0.3寸，再垂直画到0线。

⑭ 袖口折边：把袖口折边按袖口线画齐。

小袖制图通常是画在大袖里面，裁剪时先裁下大袖，再把小袖的粉印印在衣料上，依粉印剪下小袖，这样既简便又准确。

图3-10中粗线为小袖裁剪线。按图示画线，注意线条画顺。

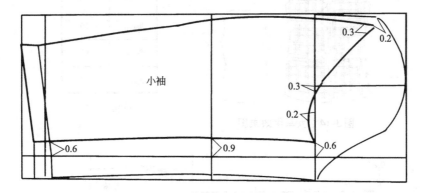

图3-10　上衣小袖制图

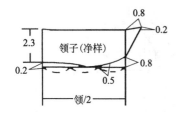

图3-11　上衣排料图（一）

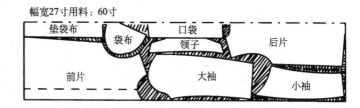

图3-12　上衣排料图（二）

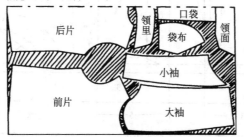

计算用料：用料=衣长+袖长+2寸，胸围每大1寸再加料1寸

图3-13　上衣排料图（三）

第二节　女马甲

　　马甲也称背心、坎肩等，初夏初秋穿在衬衫外面，既御寒又美观，穿脱方便，很受喜爱。这件女马甲圆领口四粒扣，挖两个横形袋，四开身结构，前片设腋下省缝，造型大方，款式简洁，易于裁制。可用粗纺花呢、条格中长花呢等面料裁制。女马甲的效果图和裁剪图见图3-14和图3-15。

　　量体：胸围于衬衫外量加放4～5寸。

范例规格	
衣长	20
胸围	30
领大	11
总肩	12

单位：寸

图3-14　女马甲效果图

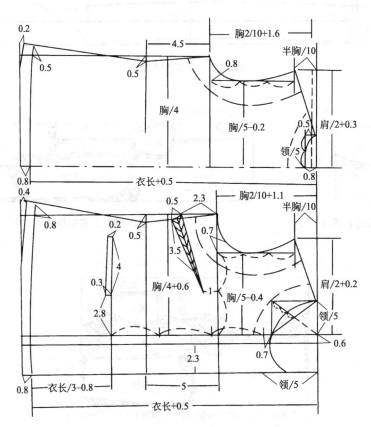

图3-15　女马甲裁剪图

第三节 中老年女上衣

这件女上衣为四开身结构，前后都有肩省缝，关门领，四粒扣，包扣眼，直腰身，造型宽松，适应中老年穿着，可用各种粗纺呢、中长花呢等裁制。中老年女士上衣的效果图和裁剪排料图见图3-16～图3-19。

量体：胸围于衬衫外量加放5寸。

图3-16　中老年女上衣效果图

范例规格

衣长	19.5
胸围	32
领大	12
总肩	12.4
袖长	16
袖	4.7

单位：寸

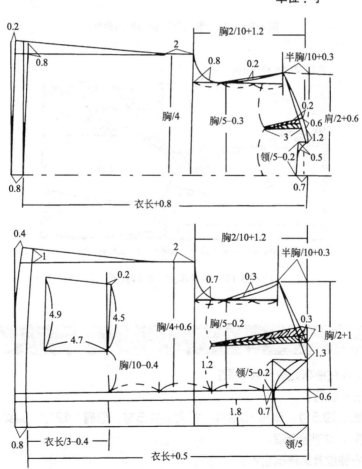

图3-17　中老年女上衣前后衣片制图

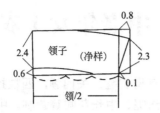

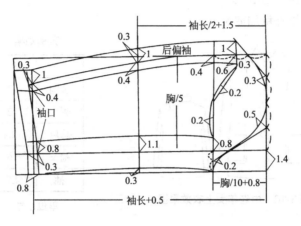

图3-18　中老年女上衣领和袖的制作

幅宽：21.5寸×2，用料：37寸

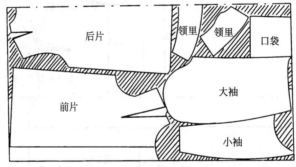

计算用料：用料＝衣长＋袖长＋1寸，胸围每大1寸再加料1寸

图3-19　中老年女上衣排料图

 习　题

1. 女马甲与上衣在袖窿处有什么不同？

2. 马甲附料怎样裁剪？

3. 按规格衣长：19.5寸，胸围：29寸，领大：11.5寸，总肩：12寸，画女马甲实样。

4. 熟记四开身上衣制图步骤。

5. 女呢料大衣兜位置怎样确定？

6. 按规定尺寸，画裁女呢料大衣纸样，并配齐零料。

第四章 CHAPTER 4

三开身上衣裁剪制图

三开身上衣各部位线条名称如图4-1所示。

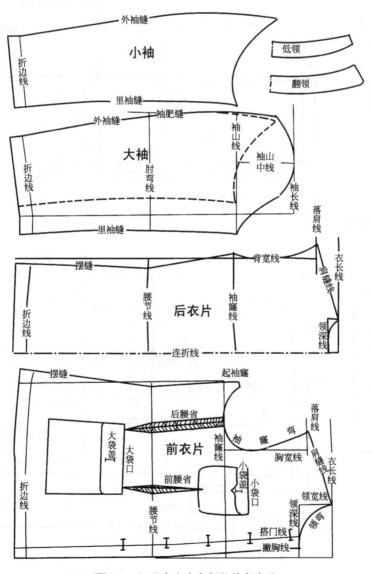

图4-1 三开身上衣各部位线条名称

第一节　女西装

　　这件女西装是女式服装男性化的典型，是由男西装变化而来的。坡驳头、小方领，单排两粒扣，圆下摆贴两个口袋，挖一个手帕袋，后背劈进，袖口开假衩，钉2～3个袖扣。宜用粗细纺毛呢、毛花呢及中长花呢等面料制作。女西装的效果图见4-2，裁剪图及排料图见图4-3～图4-5。

　　量体：胸围于衬衫外量加放5～6寸。

图4-2　女西装效果图

范例规格

衣长	20
胸围	30
领大	12
总肩	12.6
袖长	16.5
袖口	4

单位：寸

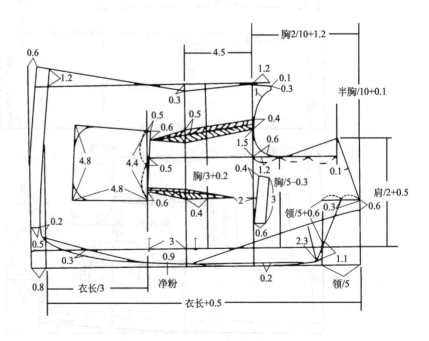

图4-3　女西装前后衣片裁剪图

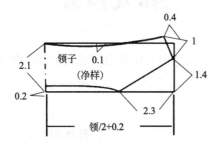

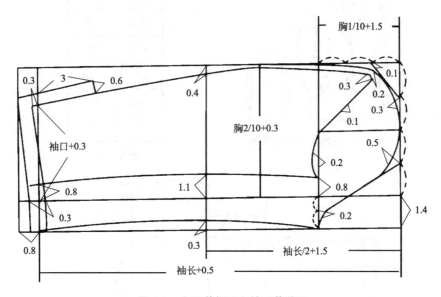

图4-4　女西装领子和袖子裁剪图

幅宽21.5寸×2，用料：39寸

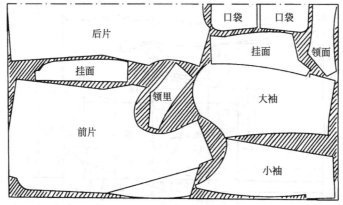

计算用料：用料=衣长+袖长+2寸，胸围每大1寸再加料1寸

图4-5　女西装排料图

第二节　三扣女西装

　　三扣女西服后背无缝，身腰较宽松，适合中老年穿着。成衣效果图如图4-6所示，裁剪图及排料图见图4-7～图4-9。

　　量体：胸围于衬衫外量加放5寸。

图4-6　三扣女西装效果图

范例规格	
衣长	20
胸围	32
领大	12
总肩	12.6
袖长	16.5
袖	4.5

单位：寸

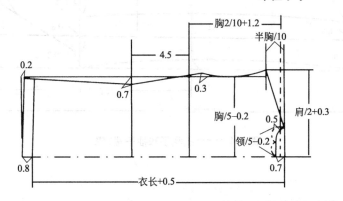

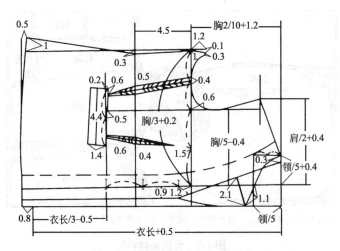

图4-7　三扣女西装前后衣裁剪图

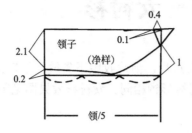

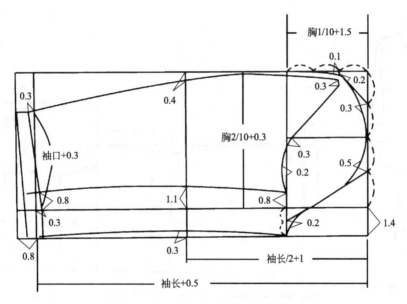

图4-8 三扣女西装领子及袖子裁剪图

幅宽21.5寸×2，用料36寸

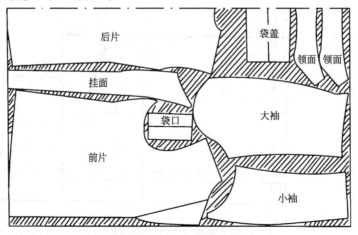

计算用料：用料=衣长+袖长，胸围每大1寸再加料1寸

图4-9 三扣女西装排料图

第三节　女衬衫

这种式样的女衬衫与男衬衫相似，不带过肩，前片收腋下省缝，袖口开衩，可收碎褶，也可收三个褶折，装独块袖口，立翻领与男衬衫领相同。女衬衫效果图见图4-10，裁剪图及排料图见图4-11～图4-13。

量体：胸围于衬衫外量加放4寸。

图4-10　女衬衫效果图

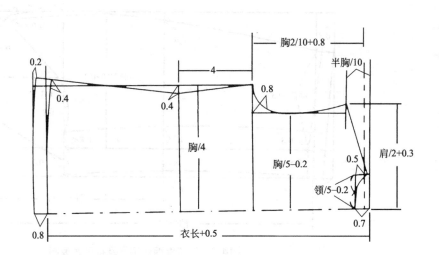

范例规格

衣长	19.5
胸围	30
领大	11
总肩	12
袖长	16

单位：寸

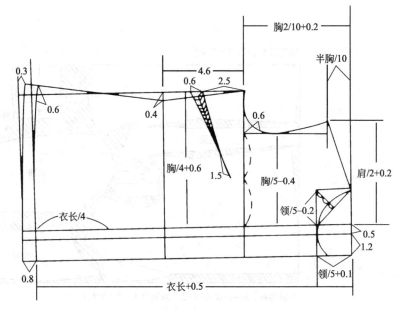

图4-11　女衬衫前后衣片裁剪图

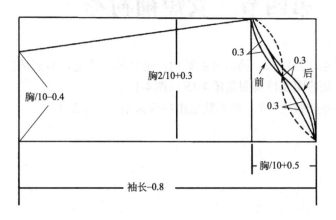

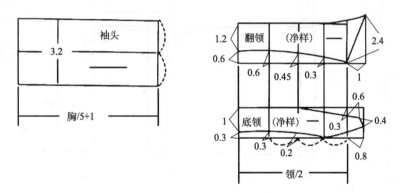

图4-12　女衬衫袖及领裁剪图

幅宽：27寸，用衬：52寸

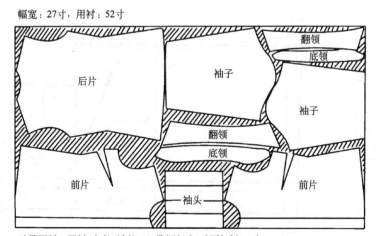

计算用料：用料=衣长+袖长×2，胸围每大1寸再加料1.5寸

图4-13　女衬衫排料图

第四节 女短袖衬衫

女短袖衬衫为两用领，四粒扣，袖口外翻贴边，造型较为大方，特别适应中老年穿着。效果图如图4-14所示，裁剪图及排料图见图4-15～图4-17。

量体：胸围于衬衫外量加放4寸。袖长测量由肩头量至肘关节2寸。

图4-14 女短袖衬衫效果图

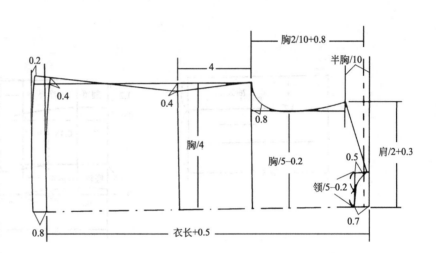

范例规格

衣长	19.5	
胸围	30	
领大	11	
总肩	12	
袖长	6.5	

单位：寸

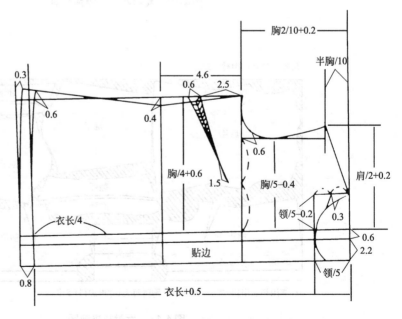

图4-15 女短袖衬衫前后衣片裁剪图

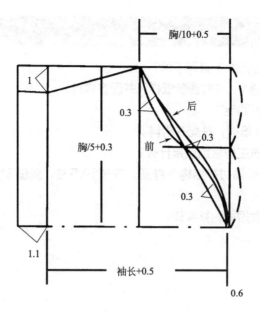

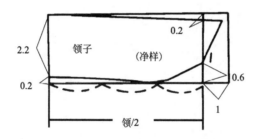

图4-16　女短袖衬衫袖及领子裁剪图

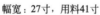

幅宽：27寸，用料41寸

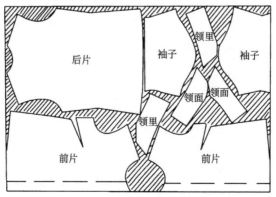

计算用料：用料=衣长×2+2寸，胸围每大1寸再加料1.5寸

图4-17　女短袖衬衫排料图

习 题

1.男、女西装结构是否相同？有何不同？

2.按自己测量的尺寸画1：1女西装纸样，并配齐零料。

3.三扣女西装扣位如何确定？

4.画出三扣西装1：1纸样，并配齐附料。

5.四开身与三开身上衣主要区别点是什么？

6.按下列规格画裁女长袖衬衫结构实样图，衣长19.5寸，胸围31寸，肩宽12.4寸，袖长16.5寸，领大11.5寸。

7.按假定尺寸，画裁女短袖衬衫实样。

第五章 CHAPTER 5

裙装

这里所指的裙装为女性职业装中的一款。制作严谨。此裙装分为上下两件套，上衣为前开剪小上衣，上衣短，显得精神利落。下身裙子为斜裙，斜裙裙摆比较大，自然垂落下来，显得有垂度感，自然表成几道褶。这样两件服装搭配看起来自然，是理想的女性首选。

第一节　斜裙

斜裙的效果图和裁剪图见图5-1和图5-2。

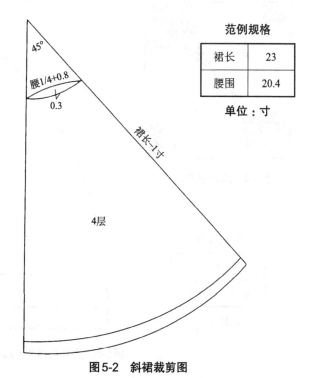

范例规格	
裙长	23
腰围	20.4

单位：寸

图5-1　斜裙效果图　　　　图5-2　斜裙裁剪图

腰围大：作一个等腰三角形，使其底边等于腰围1/4，外加做份。

第二节　太阳裙

太阳裙下摆很大，铺在平面上，形状像太阳。穿到身上后，下摆自然下垂，四周形成美丽的波浪，潇洒、飘逸，很受姑娘们的青睐，可采用精粗纺花呢、尼龙缎等面料裁制。太阳裙的效果图见图5-3，排料图及裁剪图见图5-4和图5-5。

量体：腰围加放0.5寸。

图5-3　太阳裙效果图

幅宽21.5寸×2，用料43×2寸

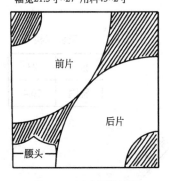

图5-4　太阳裙排料图

范例规格

裙长	20
腰围	20

单位：寸

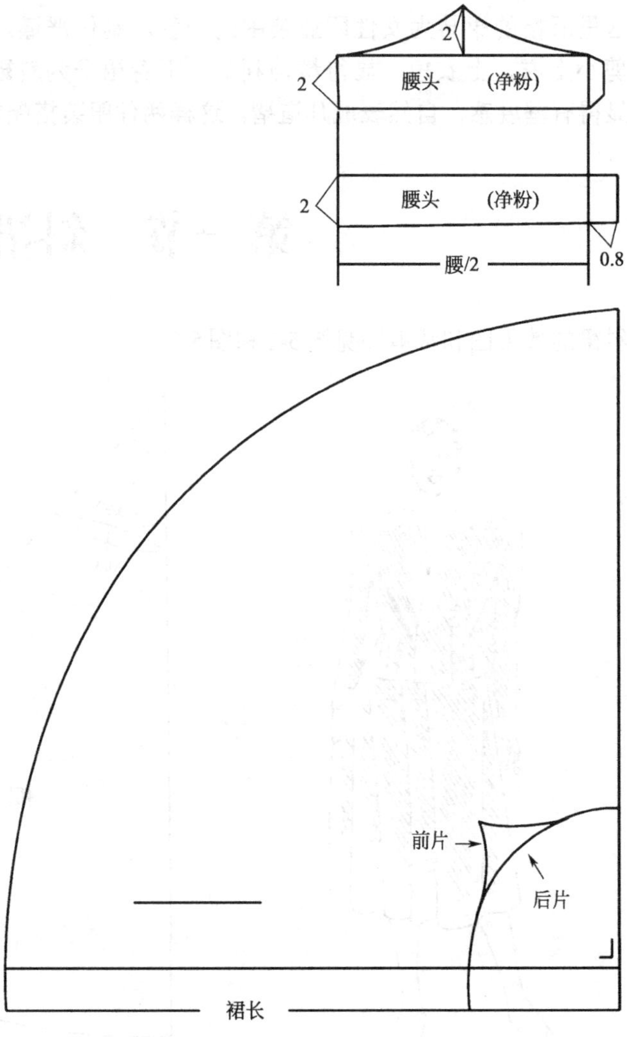

图5-5　太阳裙裙片及腰头裁剪图

第三节　小喇叭裙

　　这种裙下摆较小，呈小喇叭状。前片贴两个假袋，后片收两个省缝，可用中长花呢、格呢、金丝绒、乔其纱等面料裁制。效果图如图5-6所示，裁剪图及排料图见图5-7和图5-8。

　　量体：臀围加放2寸，腰围可不加放。

图5-6　小喇叭裙效果图

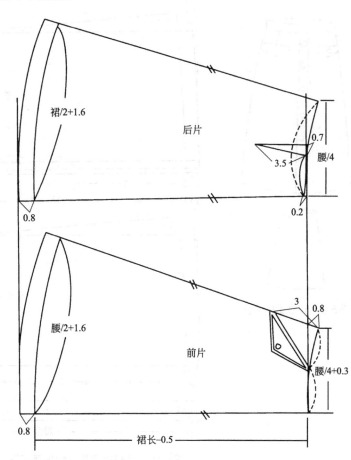

裙/2+1.6

后片

0.7

3.5

腰/4

0.8

0.2

腰/2+1.6

前片

3

0.8

腰/4+0.3

0.8

裙长-0.5

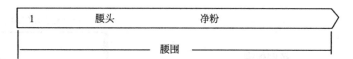

1	腰头	净粉

腰围

图5-7　小喇叭裙裙片及腰头裁剪图

幅宽：27寸，用料40寸

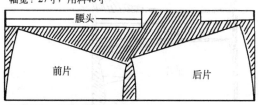

腰头

前片　　　后片

计算用料：用料＝裙长×2+4寸

图5-8　小喇叭裙排料图

第五章　裙装
CHAPTER 5

Page
059

第四节　开襟裙

本款式下摆较小，前面开襟，外翻贴边，钉6粒或7粒纽扣，前后片各收省缝。宜用各色花呢裁制。效果图见图5-9，裁剪图及排料图见图5-10和图5-11。

量体：臀围加放2～3寸；腰围加放0.5寸。

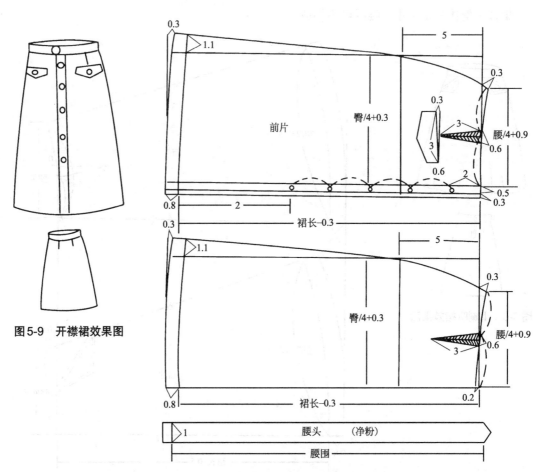

图5-9　开襟裙效果图

图5-10　开襟裙裙片及腰头裁剪图

范例规格	
裙长	18
臀围	30
腰围	20

单位：寸

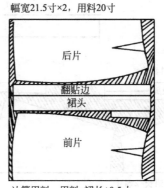

幅宽21.5寸×2，用料20寸

计算用料：用料=裙长+0.5寸

图5-11　开襟裙排料图

第五节　西装裙

　　西装裙原是与西装配套，但与其他上衣搭配效果也很好。这种款式较为一般，前片收一个大活褶，腰部收省缝，后腰部收两个省缝。可用纯毛呢、化纤呢等较厚实的衣料裁制。

　　量体：裙长从腰部最细处量到膝盖下1寸，臀围加放2寸，腰围可不加放。效果图如图5-12所示，裁剪图及排料图如图5-13和图5-14所示。

范例规格

裙长	18
臀围	30
腰围	20

单位：寸

图5-12　西装裙效果图

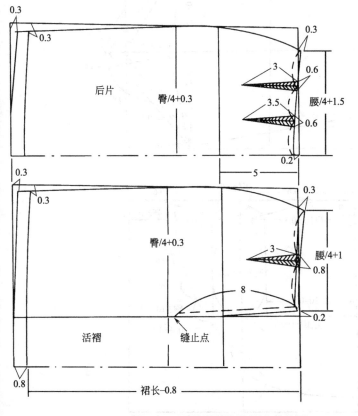

图5-13　西装裙裙片及腰头裁剪图

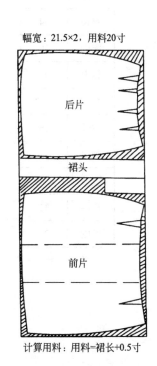

幅宽：21.5×2，用料20寸

计算用料：用料=裙长+0.5寸

图5-14　西装裙排料图

第六节　绣花长旗袍两件套

此款旗袍为两件套，里面是旗裙，外面是超短外衣。这两款服装体现了女性的柔美，尤其是旗袍更能突出女性的特征。外衣是起肩，没有扣，旗袍是V型领的变型，有外衣的装饰，里面的领口可以开得更大一些，显露女性性感的肌肤。效果图如图5-15所示。

一、月牙超短型上衣

裁剪图如图5-16所示。

图5-15　绣花长旗袍
两件套效果图

范例规格

衣长	34
胸围	30
领大	11.5
总肩	12.2
袖长	16
袖口	4
腰节	12.5
臀围	31
腰围	23

单位：寸

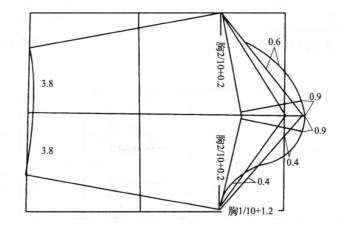

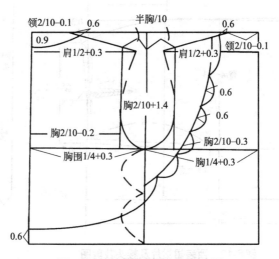

图5-16　月牙超短型上衣裁剪图

二、绣花长旗袍

裁剪图如图5-17所示。

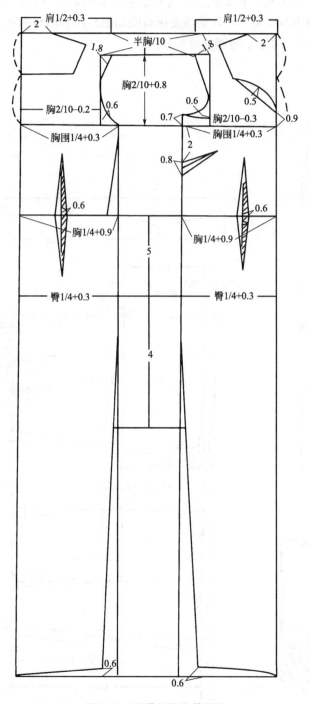

图5-17 绣花长旗袍裁剪图

第七节　裙裤

　　裙裤，看为裙，实为裤。裤脚肥大，可收活褶，穿着轻松活泼。宜用各色花呢及涤棉府绸裁制。效果图如图5-18所示，裁剪图及排料图如图5-19和图5-20所示。

　　量体：臀围加放2～3寸；腰围加放0.5寸。

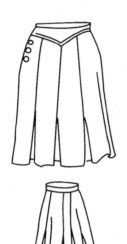

图5-18　裙裤效果图

范例规格

裙长	14
臀围	30
腰围	20

单位：寸

幅宽：21.5寸×2

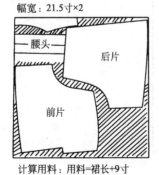

计算用料：用料＝裙长＋9寸

图5-20　裙裤排料图

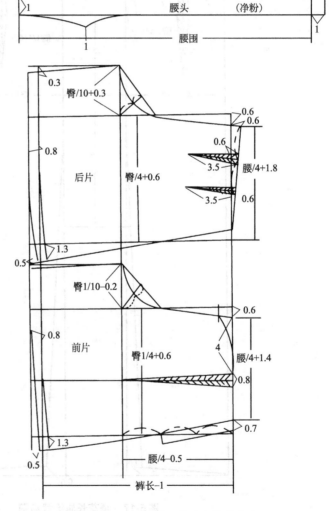

腰头　　（净粉）

腰围

0.3

臀/10＋0.3

0.6
0.6

0.6

0.8

后片

臀/4＋0.6

3.5

腰/4＋1.8

0.6

3.5

1.3

0.5

臀1/10－0.2

0.6

0.8

前片

臀1/4＋0.6

4

腰/4＋1.4

0.8

0.7

1.3

0.5

腰/4－0.5

裤长－1

图5-19　裙裤前后片及腰头裁剪图

第八节　短袖旗袍裙

这种裙造型像旗袍，上下相连，圆领口，前片收腋下省缝，前后片均收腰省缝，侧缝底边，曲线优美，凉爽适用，中老年均可穿。效果图如图5-21所示，裁剪图和排料图如图5-22～图5-24所示。

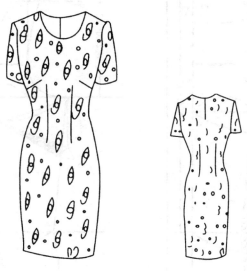

图5-21　短袖旗袍裙效果图

量体：裙长从肩缝靠领跟处经前胸量到膝盖下4～6寸；胸围于衬衫外量加放3.5～4寸；

腰围加放2.5寸；臀围加放2.5寸；腰节由颈侧点经前胸量到腰部最细处。

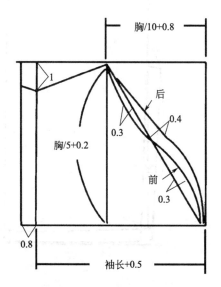

图5-22　短袖旗袍裙裁剪图（一）

范例规格

裙长	33
胸围	30
领大	11
总肩	12
袖长	6
腰节	12.5
臀围	30
腰围	24

单位：寸

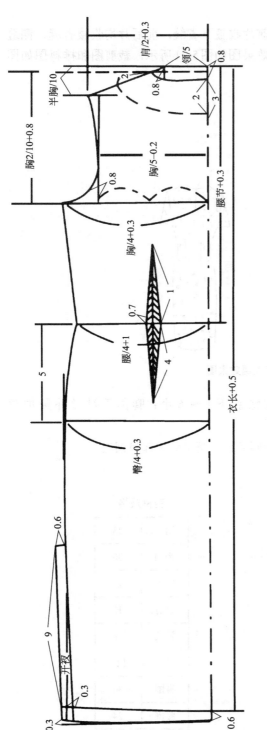
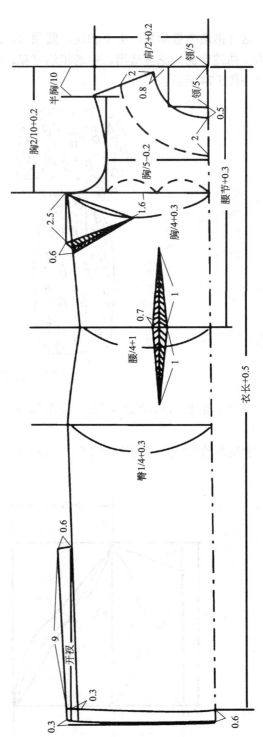

图5-23 短袖旗袍裙裁剪图（二）

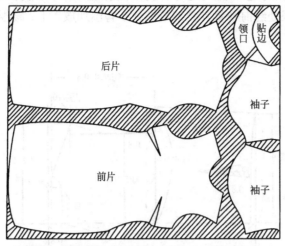

门幅34寸，用料：42寸

计算用料：用料=裙长+袖长+3寸，胸围每大1寸再加料1寸

图5-24　短袖旗袍裙排料图

第九节　连衣裙

　　衣裙相连称连衣裙。连衣裙款式变化很多，线条优美，凉爽适用，是姑娘们夏季理想服装。本款式为圆领口，紧腰身，前片收腋下省缝，裙衫均收腰省缝，后领开口，可钉拉链。可采用印花涤棉、朱丽纹、柔姿纱、真丝绸等面料裁制。连衣裙效果如图5-25所示，裁剪图和排料图如图5-26～图5-28所示。

图5-25　连衣裙效果图

量体：衣裙长为从肩缝靠领跟处经前胸量到膝盖下2寸；胸围加放4寸；领大加放2寸；腰节从肩缝靠领跟处经前胸量到腰部最细处；臀围加放2寸；腰围加放2寸。

范例规格

衣裙长	30
胸围	28
领大	11
总肩	11.4
袖长	6
腰节	12.5
腰围	22

单位：寸

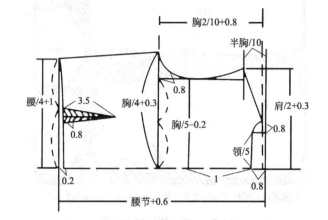

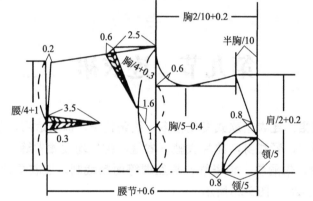

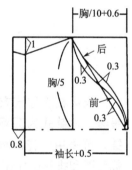

图5-26　连衣裙上衣及袖裁剪图

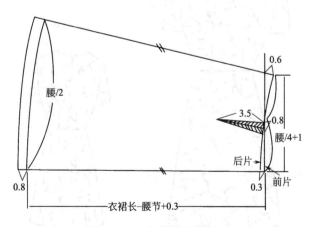

图5-27　连衣裙裙部裁剪图

幅宽：27寸，用衬：65寸

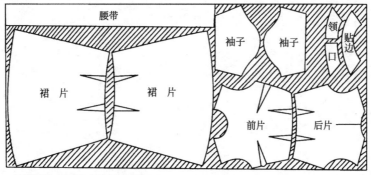

计算用料：用料=衣裙长×2+5寸

图5-28　连衣裙排料图

 习　题

1.太阳裙与斜裙有何区别？用料是什么关系？

2.斜裙的制作原理是什么？

3.练习斜裙排料。

4.按1：1画出西装裙的裁剪图。

5.短袖旗袍裙的各部位尺寸如何测量？

6.按1：1裁出旗袍裙实样。

7.练习测量连衣裙各部位尺寸，画出裁剪图实样，并结合它画出衣、裙连体装。

第六章 CHAPTER 6

棉装

第一节　四开身女棉袄

　　这种棉袄为中式领西式身，四开身结构，前后均收肩省缝，前门右边有搭门，左边无搭门，钉盘花纽五对。可用丝棉缎、尼龙缎、古香缎等裁制，可做成活面或者活里子，洗涤方便。效果图见图6-1，裁剪图和排料图如图6-2～图6-4所示。

　　量体：胸围于衬衫外量加放6寸；领大加放2寸。

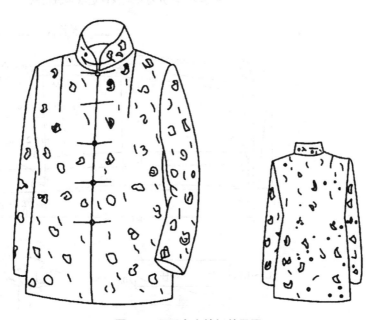

图6-1　四开身女棉袄效果图

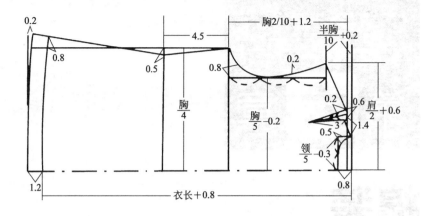

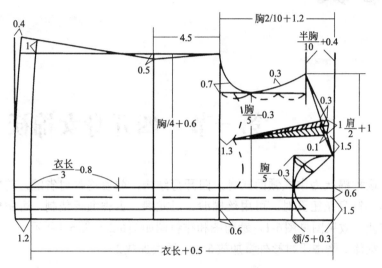

图6-2 四开身女棉袄前后衣片裁剪图

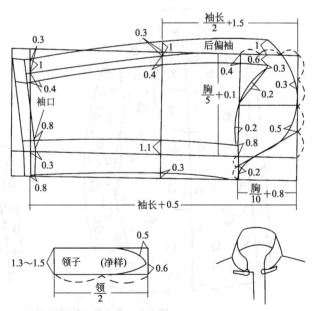

图6-3 四开身女棉袄袖子及领子裁剪图

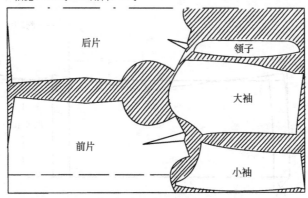

幅宽：21.5寸×2，用料：37寸

后片

领子

大袖

前片

小袖

计算用料：用料=衣长+袖长+1寸，胸围每大1寸再加料1寸

图6-4　四开身女棉袄排料图

第二节　三开身女棉袄

　　这是一种款式很新的缎面女棉袄，三开身结构，前片后腰省剪开，收腋下省缝，既有三开身紧腰、精神的特点，又有四片身宽松的长处，是一种较为理想的款式。前门右片有搭门，左片无搭门，钉盘花纽，可用各种缎料裁制。为了洗涤方便，可做成活面活里子。效果图如图6-5所示，裁剪图和排料图如图6-6和图6-7所示。

　　量体：胸围衬衫外量加放6寸；领大加放2寸。

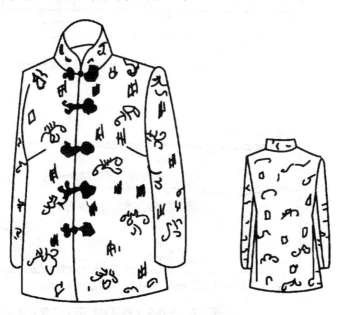

图6-5　三开身女棉袄效果图

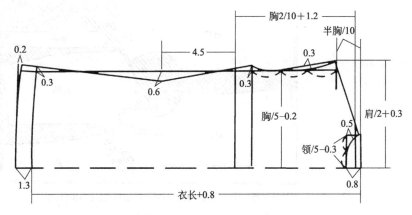

范例规格

衣长	21
胸围	32
领大	12
总肩	13
袖长	17
袖口	4.5

单位：寸

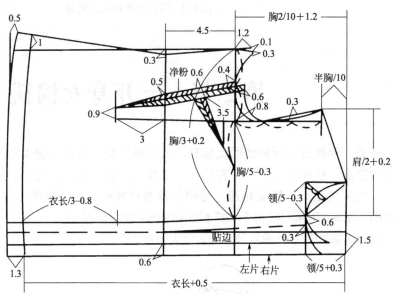

图6-6　三开身女棉袄前后衣身裁剪图

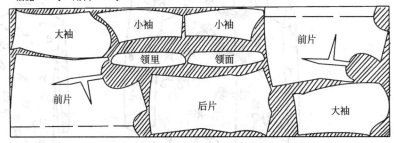

计算用料：用料＝（衣长＋袖长）×2–5寸　　胸围每大1寸加料2寸

图6-7　三开身女棉袄排料图（倒顺排料法）

习 题

　　三开身棉袄与四开身棉袄在制图结构方面有何不同？什么情况下采用三开身？分别裁出上述两种实样进行比较。

大衣、风衣

CHAPTER 7

第一节　大衣

本款式为双排扣，小圆角领，翻驳头，挖两个斜袋，后背开衩。宜用纯毛大衣呢裁制。应加垫肩。效果图见图7-1，裁剪图和排料图如图7-2～图7-4所示。

量体：胸围于衬衫外量加放7～8寸；领大加放3寸；总肩加放1.2～2寸。

图7-1　大衣效果图

范例规格

衣长	32
胸围	36
领大	15
总肩	15.4
袖长	19
袖口	5.5

单位：寸

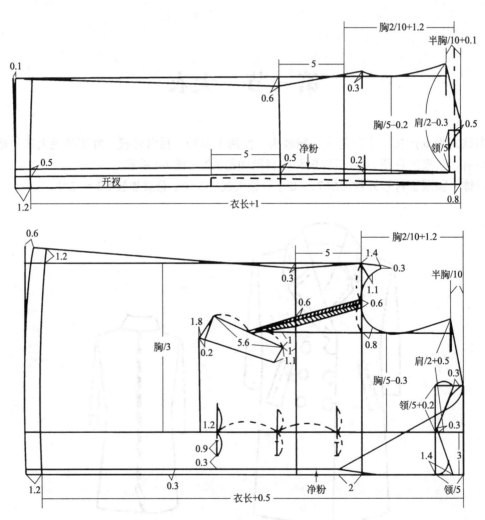

图7-2　大衣前后衣身裁剪图

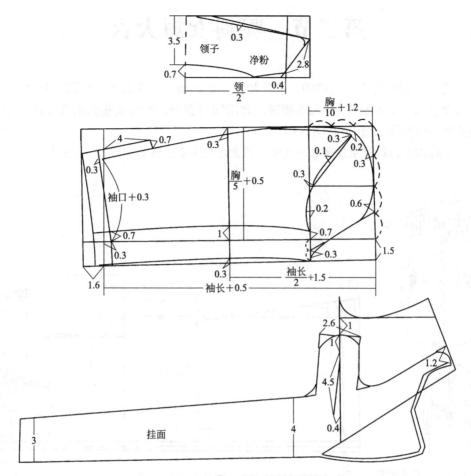

图7-3 大衣袖、领及挂面裁剪图

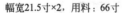

幅宽21.5寸×2，用料：66寸

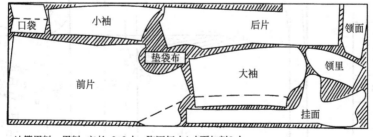

计算用料：用料=衣长×2+2寸；胸围每大1寸再加料2寸

图7-4 大衣排料图

　　本排料图为36寸胸围，裁小袖的料宽度不够，须向大袖"借"1寸左右。即小袖在里袖缝外减窄；大袖在里袖缝处加宽，加宽的数应和减窄的数相等，这样才能保证袖子的肥度不变。这种处理方法在裁剪中称为"借"。

　　本排料图如胸围在35寸以下，勿须"借"。

第二节　呢料女短大衣

　　这种款式是四开身变化而成的，前片加大，后片减小，立翻领，可用独块料，前片肩头并排三个活省（头不缝尖），加活腰带。宜用呢料裁制。呢料女短大衣效果图如图7-5所示，裁剪图和排料图如图7-6和图7-7所示。

　　量体：胸围于衬衫外量加放6～7寸；领大加放3寸；总肩加放1～1.5寸。

图7-5　呢料女短大衣效果图

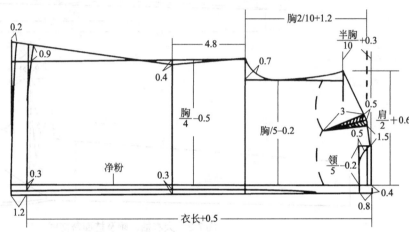

范例规格

衣长	23
胸围	34
领大	13
总肩	13.4
袖长	17
袖口	5

单位：寸

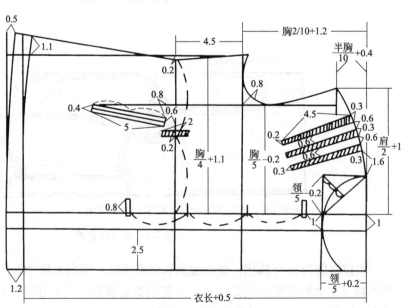

图7-6　呢料女短大衣前后衣身裁剪图

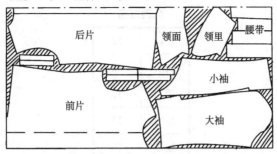

幅宽21.5寸×2，用料：45寸

计算用料：用料=衣长+初长+5寸，胸围每大1寸再加料1.5寸

图7-7　呢料女短大衣排料图

第三节　女单排扣风衣

　　此款女风衣为单排扣，驳头可开可关，前后衣片活披肩，活腰带，腰身宽松，是外出防风防雨之理想服装。可用防雨绸淡色面料裁制。女单排扣风衣效果图如图7-8所示，裁剪图和排料图如图7-9～图7-11所示。

　　量体：胸围于衬衫外量加放8～9寸；领大加放3～4寸；总肩加放2寸。

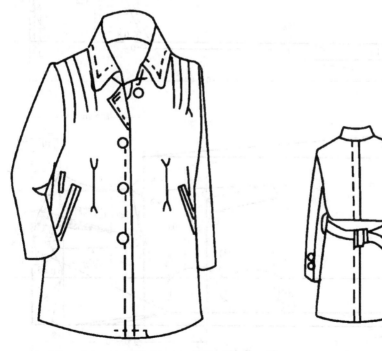

图7-8　女单排扣风衣效果图

范例规格

衣长	28
胸围	32
领大	12
总肩	13
袖长	16
袖口	4.87
腰节	12.5

单位：寸

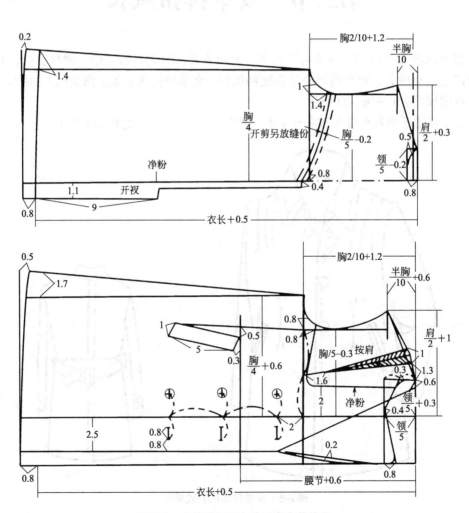

图7-9 女单排扣风衣前后衣身裁剪图

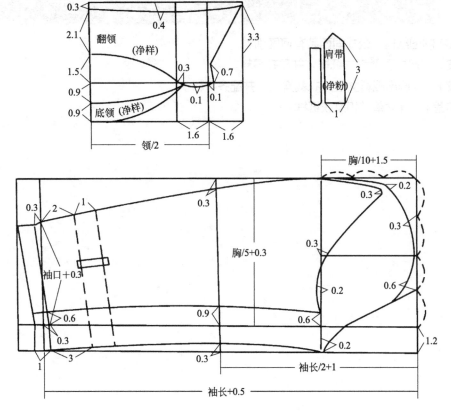

图7-10　女单排扣风衣领、袖及腰带裁剪图

门幅：27寸，用料：95寸

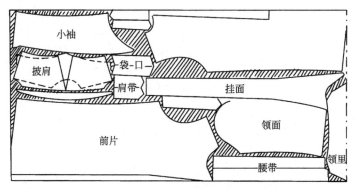

计算用料：用料=（衣长+袖长）×2+8寸，胸围每大1寸再加料3寸

图7-11　女单排扣风衣排料图

习　题

1. 大衣制图结构、公式同西装有何区别？
2. 按规定尺寸画裁大衣纸样，并配齐零料。
3. 按1：1画出呢料女短大衣裁剪图，并配齐零料。
4. 实裁1：1女单排扣风衣纸样。

第八章 时装

CHAPTER 8

时装

第一节　铜盆领女短袖衫

　　这是一款铜盆领女短袖衫，这种女衫属于套头式，前面没有系扣，四粒扣都为装饰扣，但是可以在后面装个拉链，短袖，袖口断开钉上两粒装饰扣，让女款衬衫更加时尚。铜盆领女短袖衫效果图如图8-1所示，裁剪图如图8-2所示。

图8-1　铜盆领女短袖衫效果图

范例规格	
衣长	20
胸围	30
领大	11
总肩	12
袖长	6.5

单位：寸

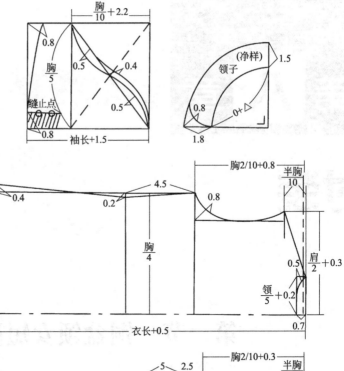

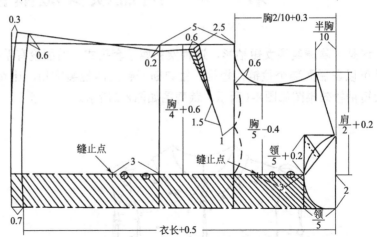

图8-2　铜盆领女短袖衫衣身、袖、领裁剪图

第二节　小铜盆领过肩式女衫

　　本款为小铜盆领，前胸左右片各收三个暗折裥，每折大1.2寸，可先把折裥烫好，用白线绷住，然后再裁剪。前片肩头割下一块，裁下纸样，接在后片肩缝上，再裁后片，使肩缝前移，形成"过肩"。效果图如图8-3所示，裁剪图如图8-4所示。

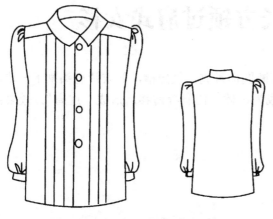

范例规格	
衣长	19
胸围	28
领大	11
总肩	1.6
袖长	16

单位：寸

图8-3 小铜盆领过肩式女衫效果图

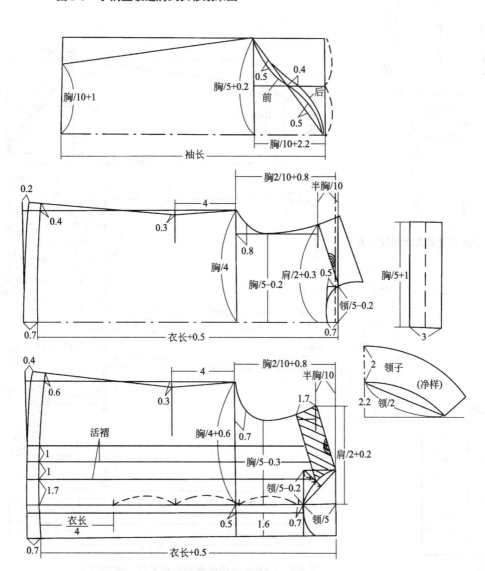

图8-4 小铜盆领过肩式女衫衣身及袖、领裁剪图

第三节　长方领过肩式女衫

本款式为长方领，泡泡袖，后衣片断圆形月克，收碎褶，前衣片肩头割下一块，剪下纸样，接在后片肩缝上，和后片月克成为一体，使肩缝前移，形成"过肩"。效果图如图8-5所示，裁剪图如图8-6所示。

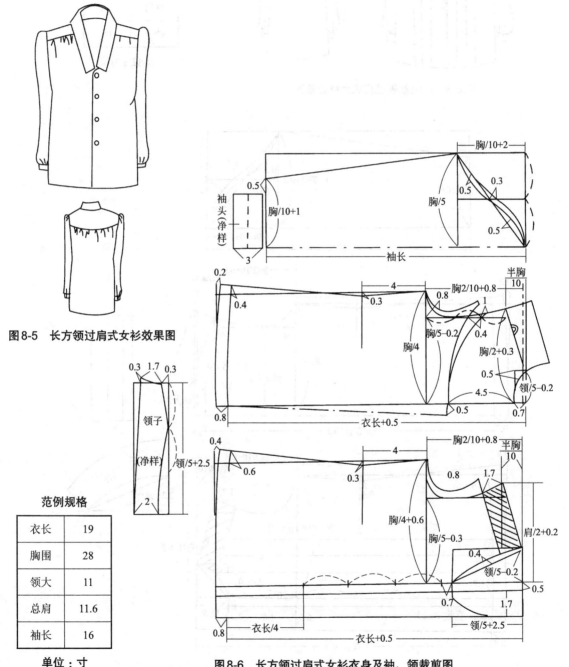

图8-5　长方领过肩式女衫效果图

范例规格

衣长	19
胸围	28
领大	11
总肩	11.6
袖长	16

单位：寸

图8-6　长方领过肩式女衫衣身及袖、领裁剪图

第四节　宽肩式女衬衫

　　宽肩式女衬衫加大了胸转和总肩的尺寸，造型宽松，穿着舒适大方，潇洒自如。左右领角相叠，领角上钉一粒纽扣，中袖，更显得洒脱。效果图如图8-7所示，裁剪图如图8-8所示。

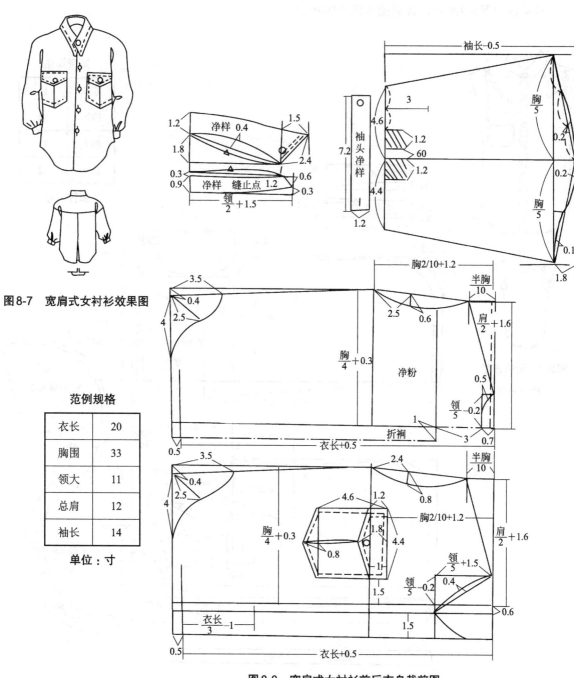

图8-7　宽肩式女衬衫效果图

范例规格

衣长	20
胸围	33
领大	11
总肩	12
袖长	14

单位：寸

图8-8　宽肩式女衬衫前后衣身裁剪图

第五节　无袖开剪女衫

　　本款为小圆角衬衫领，袖克夫肩头无缝，双层勾在袖窿上，向外翻折，钉装饰扣压住，前后衣片开圆摆衩，肩部圆形开剪，前后月克无缝相连，衣片收活褶，裁剪时前后片月克先裁下纸样，把纸样照图拼接，再照纸样裁出，裁剪时注意开剪处为净粉，应另放缝份。效果图如图8-9所示，裁剪图如图8-10所示。

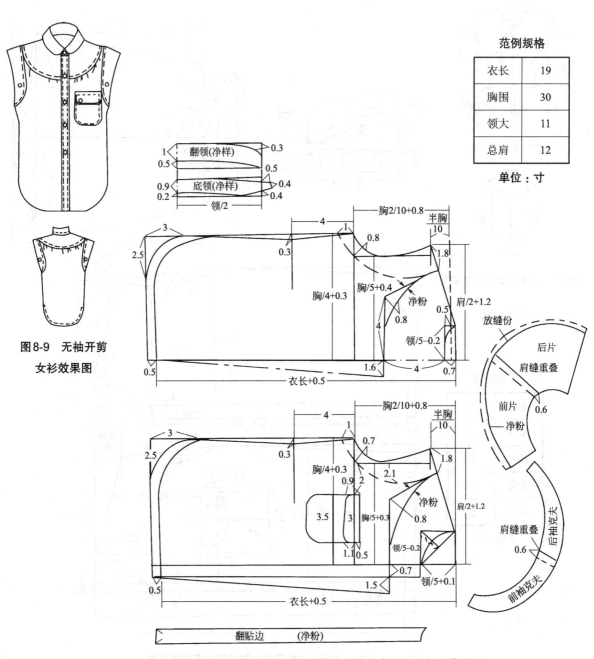

范例规格	
衣长	19
胸围	30
领大	11
总肩	12

单位：寸

图8-9　无袖开剪
女衫效果图

图8-10　无袖开剪女衫前后衣身以及领子裁剪图

第六节　孕妇裙

　　孕妇裙本来是少妇的专利，但近年来却受到姑娘们的青睐。前后衣片横断月克，前片月克顺领口斜下，左右相叠。后月克开口钉三个扣鼻配以灯笼式长袖。用散点小碎花乔其纱、丝绸等柔软下垂的衣料烫褶到底，穿上后宽松、潇洒、飘逸。姑娘们穿上后若在腰间系一条软腰带，更能增添几分姿色。效果图如图8-11所示，裁剪图如图8-12所示。

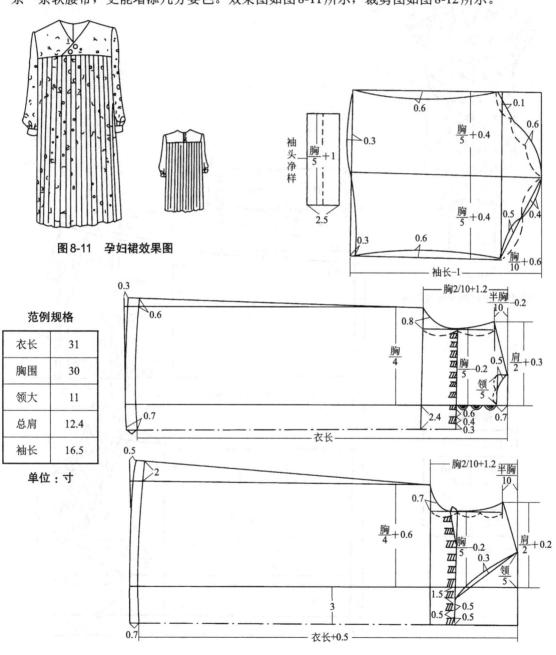

图8-11　孕妇裙效果图

范例规格	
衣长	31
胸围	30
领大	11
总肩	12.4
袖长	16.5

单位：寸

图8-12　孕妇裙裙片及袖子裁剪图

第七节　过肩袖女衫

本款过肩连袖，前后片收活褶，长方领，宜用真丝绸、提花西料、素软缎等各种质地轻薄柔软、平挺滑爽、悬垂性好的面料裁制。效果图如图8-13所示，裁剪图如图8-14所示。

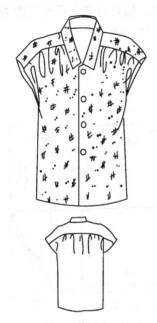

图8-13　过肩袖女衫效果图

范例规格

衣长	19
胸围	30
领大	11
总肩	12

单位：寸

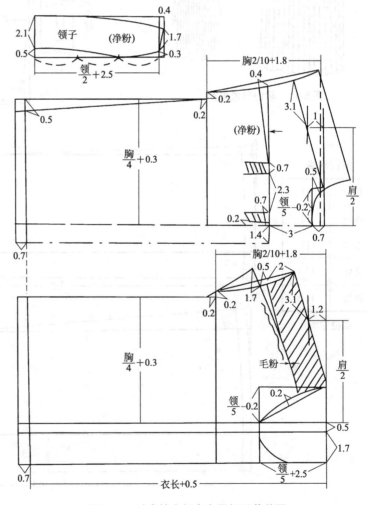

图8-14　过肩袖女衫衣身及领子裁剪图

第八节 铜盆领连衣裙

本款为横开铜盆领，褶裙，腰部作横向分割，"X"造型可充分体现女性的曲线美。可采用各种印花丝绸、人造棉、富春纺面料，领子、袖克夫可用白色。效果图如图8-15所示，裁剪图如图8-16所示。

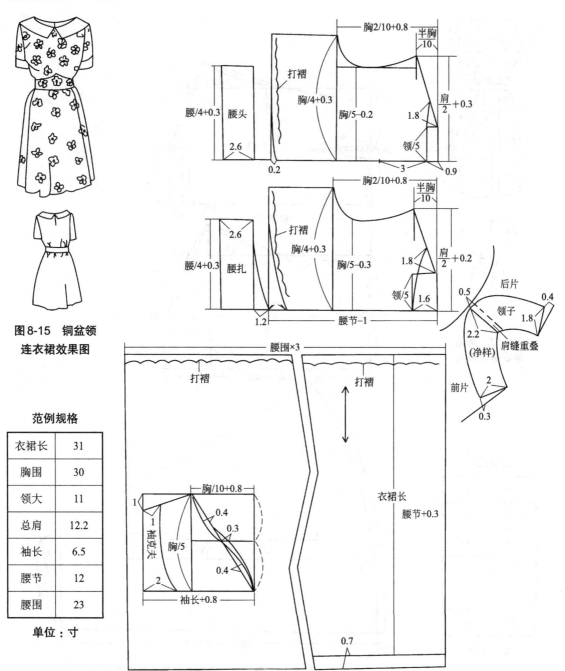

图8-15 铜盆领连衣裙效果图

范例规格

衣裙长	31	
胸围	30	
领大	11	
总肩	12.2	
袖长	6.5	
腰节	12	
腰围	23	

单位：寸

图8-16 铜盆领连衣裙上衣及裙装裁剪图

第九节　带袖连衣裙

本款上为连袖式，方角领口，下为两块喇叭裙，加一条腰带，可用真丝绸、柔姿纱、花绸等面料裁制，款式简洁明快，很受姑娘们的喜爱。效果图如图8-17所示，裁剪图如图8-18所示。

图8-17　带袖
连衣裙效果图

范例规格

衣裙长	32
胸围	28
领大	11
总肩	12
腰节	12
腰围	23

单位：寸

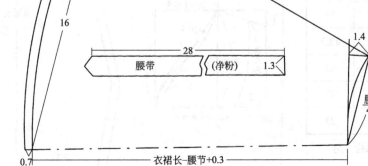

图8-18　带袖连衣裙衣身及裙片裁剪图

第十节　旗袍式春秋连衣裙

　　本款为旗袍身，上弯开刀，下摆收四只大暗褶裥，装收肘省的独块袖，宜用各色粗毛花呢、格呢面料裁制，领口、袖克夫可用黑色，腰节加一蝴蝶结点缀，造型大方，线条优美，是姑娘们理想的春秋服装。效果图如图8-19所示，裁剪图如图8-20所示。

图8-19　旗袍式春秋连衣裙效果图

范例规格

衣裙长	33
胸围	31
领大	11.5
总肩	12.6
袖长	16.5
腰节	12.5
腰围	24
臀围	31

单位：寸

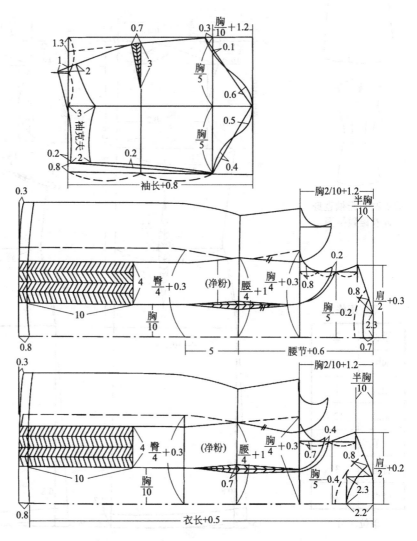

图8-20　旗袍式春秋连衣裙裙身及衣袖裁剪图

第十一节　无袖直身连衣裙

　　本款为直身造型，似旗袍不开摆衩，下摆稍大，裙长不宜过膝，腰围宜稍肥，结构简单，款式大方，经济实用。效果图如图8-21所示，裁剪图如图8-22所示。

图8-21　无袖直身连衣裙效果图

范例规格

裙长	29
胸围	30
领大	11
总肩	12.2
腰节	12.5
臀围	31
腰围	24

单位：寸

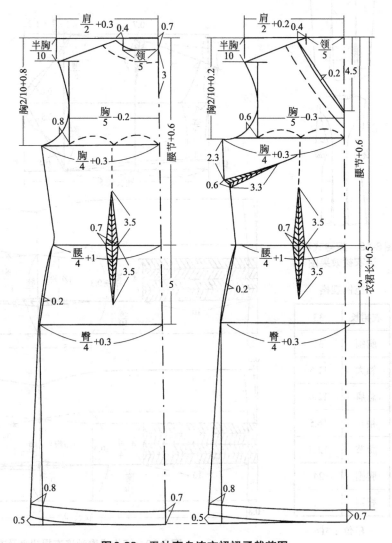

图8-22　无袖直身连衣裙裙子裁剪图

第十二节 春秋裙套装

上衣为低驳口西装领，双排一粒扣，开三只横袋，配四块波浪裙。可用各色粗毛花呢等裁制。效果图如图8-23所示，裁剪图如图8-24所示。

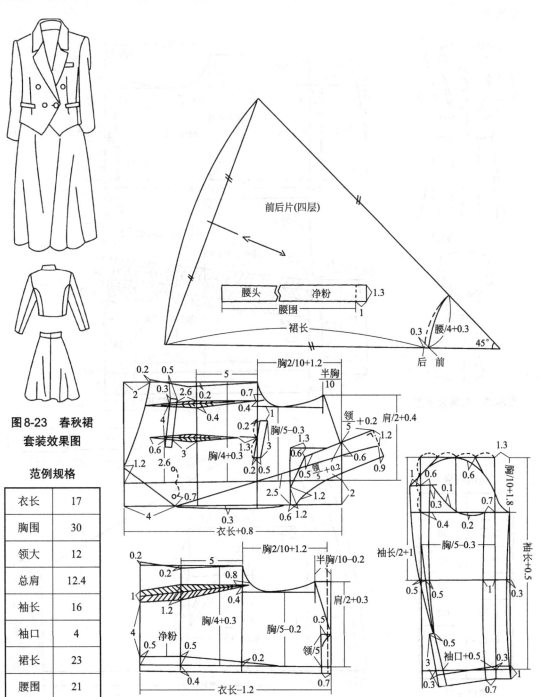

图8-23 春秋裙套装效果图

范例规格

衣长	17
胸围	30
领大	12
总肩	12.4
袖长	16
袖口	4
裙长	23
腰围	21

单位：寸

图8-24 春秋裙套装衣身及裙体裁剪图

第十三节　套装

　　本款为上短下长的套装，前胸收暗褶裥，上宽边腰扎，下配两块波浪式喇叭裙，上衣底摆为圆翘接边。圆领五粒扣，下摆裙属于大摆裙。效果图如图8-25所示，裁剪图如图8-26所示。

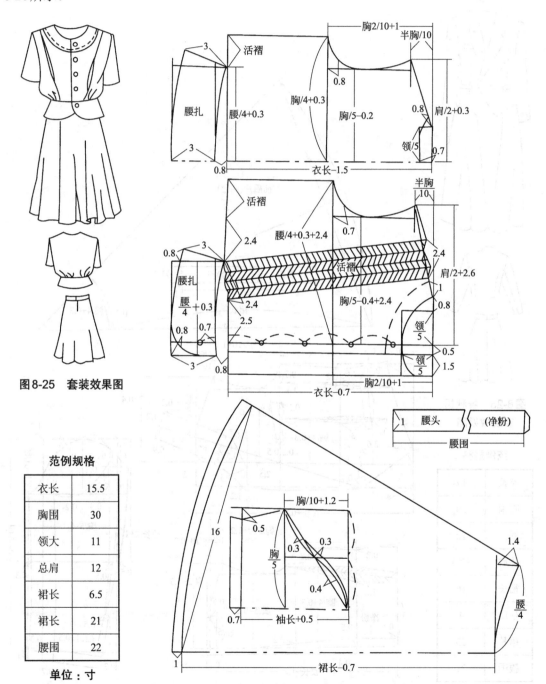

图8-25　套装效果图

范例规格

衣长	15.5
胸围	30
领大	11
总肩	12
裙长	6.5
裙长	21
腰围	22

单位：寸

图8-26　套装衣身及裙体裁剪图

第十四节　长裙裤套装

长裙裤配无袖衫是潇洒浪漫的一款，短袖裙裤对襟为真丝面料，柔软轻盈。裙裤宽松为花色面料，面料以选垂度感较好的为宜。效果图见图8-27，裁剪图如图8-28所示。

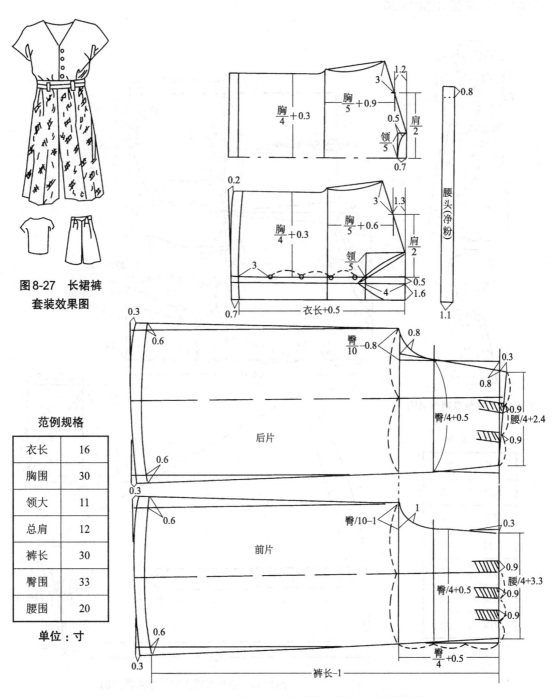

图8-27　长裙裤
套装效果图

范例规格

衣长	16
胸围	30
领大	11
总肩	12
裤长	30
臀围	33
腰围	20

单位：寸

图8-28　长裙裤套装上衣及裙裤裁剪图

第十五节　拼色套裙

　　短上衣低驳口西装领，双排一粒扣，长裙为波浪式，可用真丝双绉、巴丽丝、柔姿纱等花色面料，上衣用白色，领子、挂面、袖克夫用裙料，可产生悦目的艺术效果。效果图见图8-29，裁剪图见图8-30。

图8-29　拼色套裙效果图

范例规格

衣长	15
胸围	28
领大	11
总肩	12
袖长	6.5
裙长	20
腰围	20

单位：寸

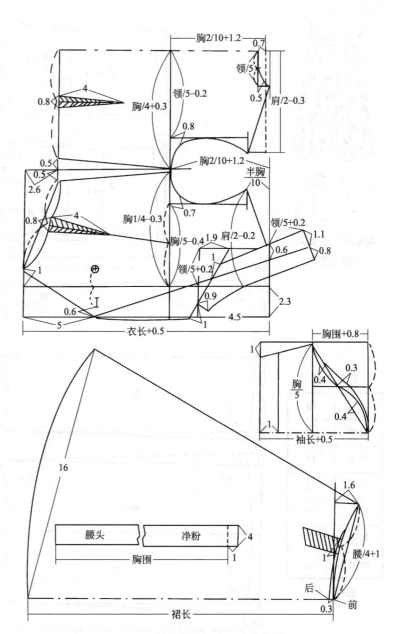

图8-30　拼色套裙上衣及裙体裁剪图

第十六节　一步裙女套装

　　由低驳口西装领短上衣配有一步短裙，形成了上宽下窄的"V"字造型，有强烈的时代感，宜用各色粗毛花呢制作。效果图见图8-31，裁剪图见图8-32。

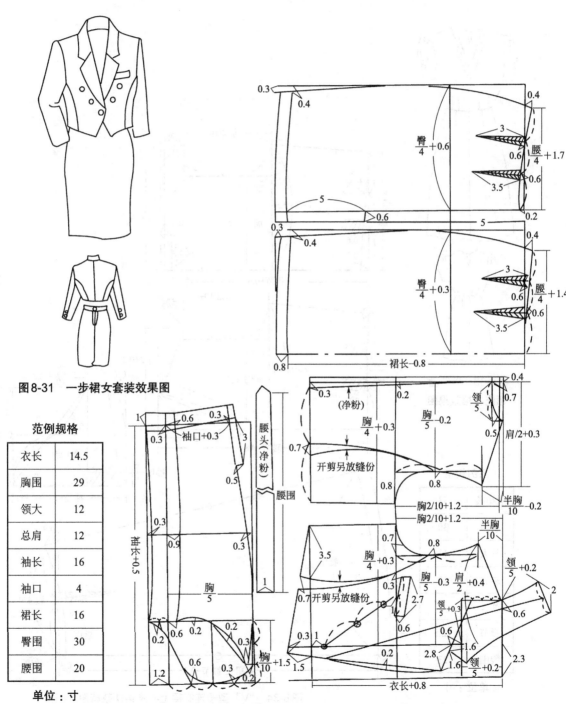

图8-31　一步裙女套装效果图

范例规格

衣长	14.5
胸围	29
领大	12
总肩	12
袖长	16
袖口	4
裙长	16
臀围	30
腰围	20

单位：寸

图8-32　一步裙女套装上衣及裙体裁剪图

第十七节 "V"型领连衣裙

本款为"V"形领口，泡泡袖，四块喇叭裙，简洁明快，便于裁制，可采用各种薄料。效果图见图8-33，裁剪图如图8-34所示。

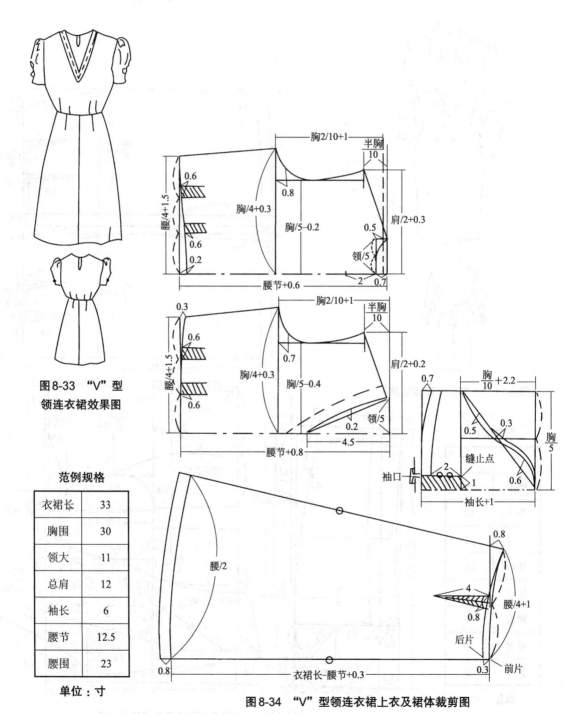

图8-33 "V"型
领连衣裙效果图

范例规格

衣裙长	33
胸围	30
领大	11
总肩	12
袖长	6
腰节	12.5
腰围	23

单位：寸

图8-34 "V"型领连衣裙上衣及裙体裁剪图

第十八节　中西式大襟旗袍

本款为中式领、西式袖子，大襟钉三对盘花纽，四对直形纽，可选金丝绒、乔其绒、织锦缎等高档面料裁制，是体现东方女性优美曲线的典型服装。效果图见图8-35，裁剪图如图8-36所示。

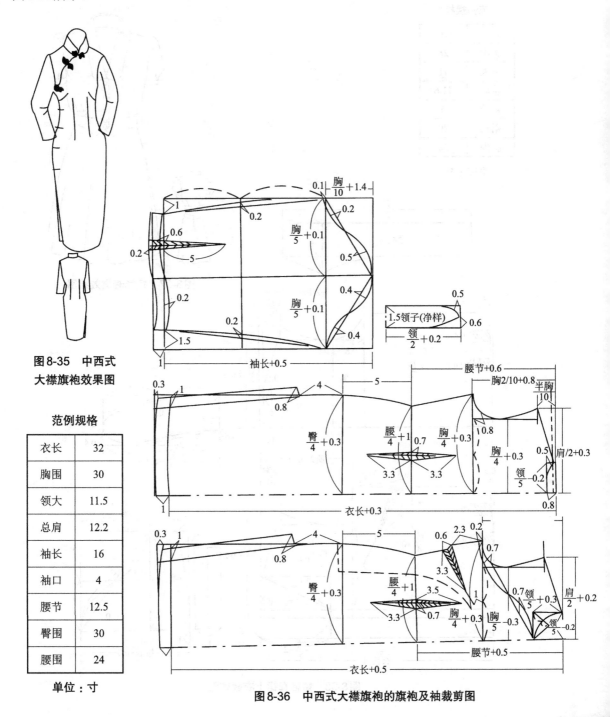

图8-35　中西式
大襟旗袍效果图

范例规格

衣长	32
胸围	30
领大	11.5
总肩	12.2
袖长	16
袖口	4
腰节	12.5
臀围	30
腰围	24

单位：寸

图8-36　中西式大襟旗袍的旗袍及袖裁剪图

第十九节　短衫套裙

深开圆角领，收尖角腰扎，灯笼袖的短衫，配上大波浪式的太阳裙，使姑娘们更加婀娜多姿。效果图见图8-37，裁剪图如图8-38和图8-39所示。

范例规格

衣长	16
胸围	28
领大	11
总肩	11.6
袖长	6
裙长	20
腰围	20

单位：寸

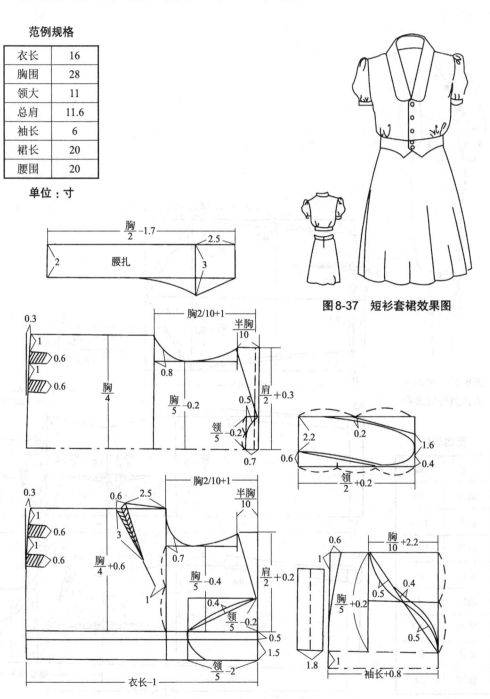

图8-37　短衫套裙效果图

图8-38　短衫套裙上衣裁剪图

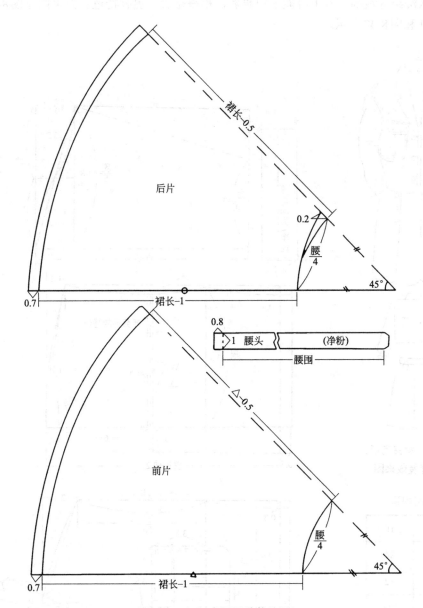

图8-39　短衫套裙裙装裁剪图

第二十节　宽松蔚蓝色女夹克衫、裙裤套装

本款为短身，肩袖宽松，结构大方，前身贴两只方形大口袋，单排三粒扣。可用素色纯棉布、水洗绉等裁制。若下身能配短裙裤，相得益彰，更有特色。效果图见图8-40，裁剪图如图8-41和图8-42所示。

图8-40　女夹克衫、
裙裤套装效果图

范例规格

衣长	16
胸围	34
领大	12
总肩	12.4
袖长	15
裙裤长	20
臀围	30

单位：寸

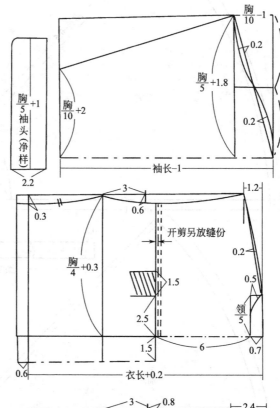

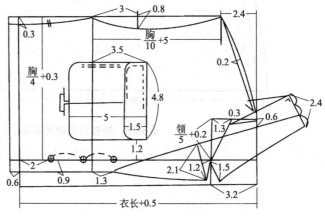

图8-41　宽松女夹克衫裁剪图

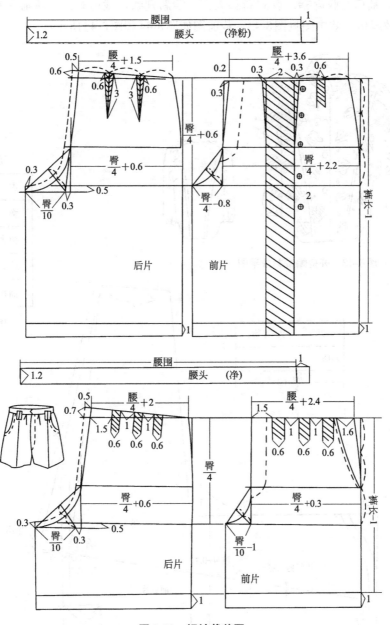

腰围

1.2　　　　　　腰头　　　　（净粉）　　　　1

0.5
0.6　　　腰/4 +1.5
0.6　　0.6
3　3

0.2　　　　腰/4 +3.6
0.3　　0.3　　0.6
0.3　　　　2

臀/4 +0.6

臀/4 +0.6

臀/4 +2.2

0.3
臀/10　　0.3　　0.5

臀/4 -0.8

2

裤长-1

后片　　　　　　前片

1　　　　　　　　1

腰围

1.2　　　　　　腰头　　　　（净）　　　　1

0.5
0.7　　　腰/4 +2
1.5　　1　　1
0.6　0.6　0.6

腰/4 +2.4
1.5　　1　　1　　1.6
0.6　0.6　0.6

臀/4

臀/4 +0.6

臀/4 +0.3

0.3
臀/10　　0.3　　0.5

臀/10 -1

裤长-1

后片　　　　　　前片

1　　　　　　　　1

图8-42　裙裤裁剪图

第二十一节　开剪蝙蝠衫

本款为关闭并重叠领型，左领角压右领角，钉一粒扣扣住。冲肩开剪，宽松式连袖，袖山头收褶，袖口可收碎褶。款式新颖大方，清新别致，裁剪时，注意前后片开剪处为净缝，务必另放缝份。效果图见图8-43，裁剪图如图8-44和图8-45所示。

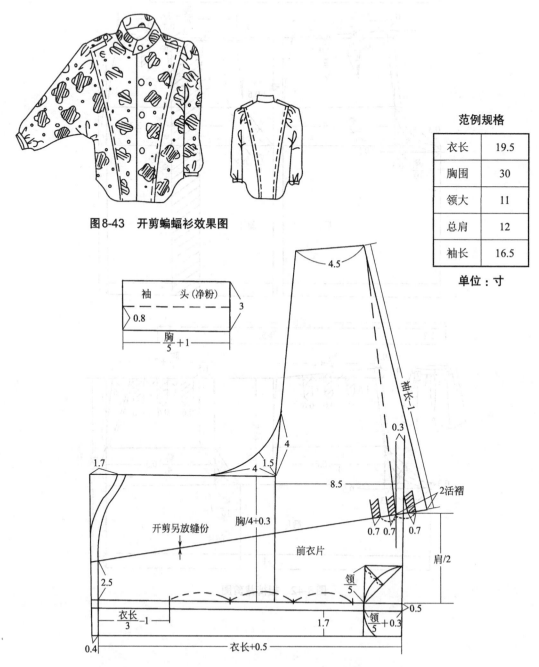

图8-43　开剪蝙蝠衫效果图

范例规格	
衣长	19.5
胸围	30
领大	11
总肩	12
袖长	16.5

单位：寸

图8-44　开剪蝙蝠衫前衣片裁剪图

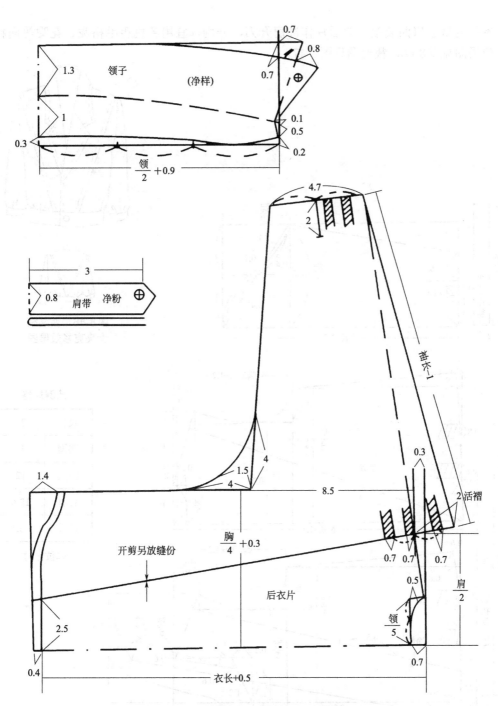

图8-45　开剪蝙蝠衫后衣片及领子裁剪图

第二十二节　西装领女夹克衫

本款为低驳口西装领，前后片作冲肩开刀，分割，宜用各色粗毛格呢、花呢等面料制作。效果图见图8-46，裁剪图见图8-47。

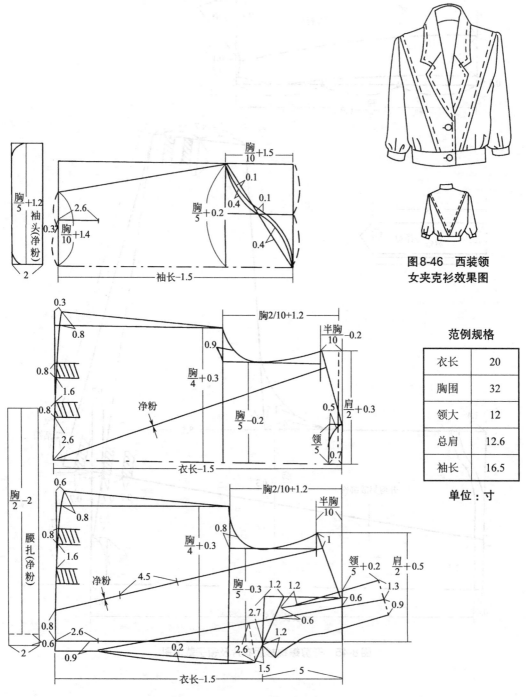

图8-46　西装领
女夹克衫效果图

范例规格

衣长	20
胸围	32
领大	12
总肩	12.6
袖长	16.5

单位：寸

图8-47　西装领女夹克衫衣身及袖裁剪图

第二十三节　大花女西服

　　大花女西服宜用各色织锦缎、丝缎、电力纺、富春纺等面料制作。低驳口，西装领，双排一粒扣，四开身，前片断过肩、收活褶，贴两大袋，宽肩宽腰身，泡泡袖。造型简练，款式大方。裁剪时把前片剪下的一块接植到后片上。效果图见图8-48，裁剪图见图8-49。

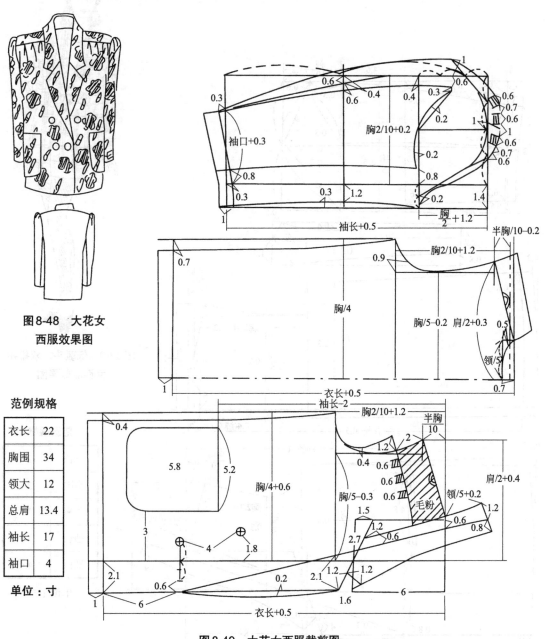

**图8-48　大花女
西服效果图**

范例规格

衣长	22
胸围	34
领大	12
总肩	13.4
袖长	17
袖口	4

单位：寸

图8-49　大花女西服裁剪图

第二十四节　低驳头、双排扣女西服

本款式为低驳口，双排扣，宽松直腰身，新潮大方，可用粗毛花呢裁制，一般领大、领口定数即可。效果图见图8-50，裁剪图见图8-51。

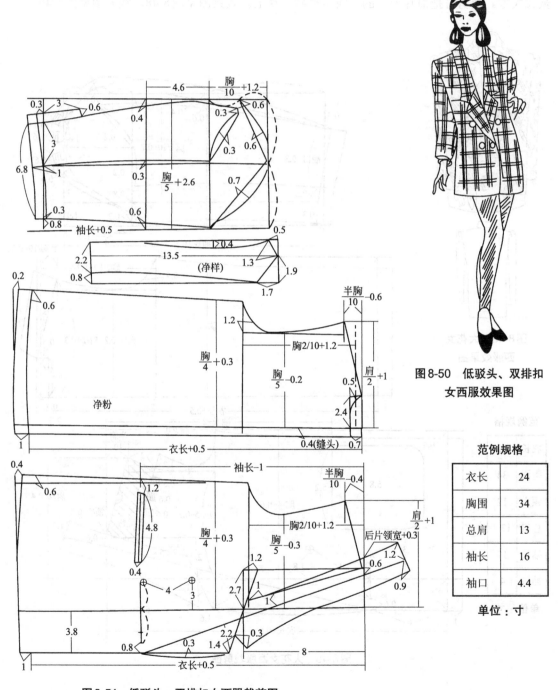

图8-50　低驳头、双排扣
女西服效果图

范例规格	
衣长	24
胸围	34
总肩	13
袖长	16
袖口	4.4

单位：寸

图8-51　低驳头、双排扣女西服裁剪图

第二十五节　低驳口中老年女西装

本款为低驳口，两粒扣，方下摆，款式新潮，而不失其庄重大方。可采用深色精纺毛呢或粗纺毛呢裁制。适应于穿着讲究的中老年女性。效果图见图8-52，裁剪图见图8-53。

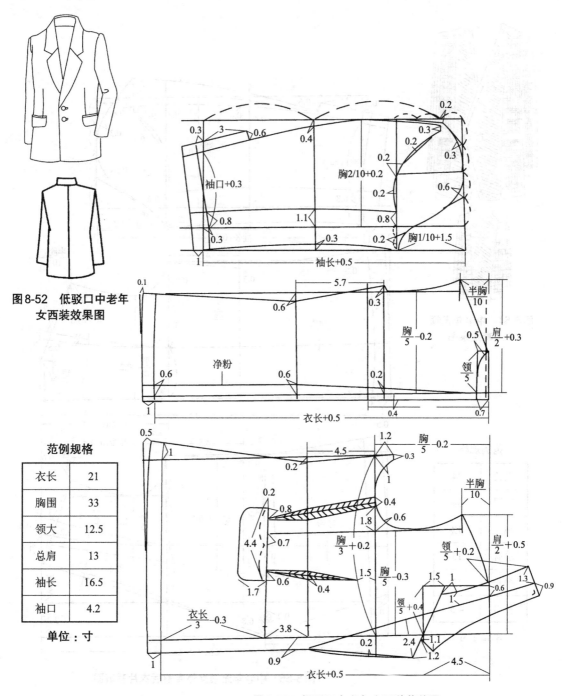

图8-52　低驳口中老年女西装效果图

范例规格	
衣长	21
胸围	33
领大	12.5
总肩	13
袖长	16.5
袖口	4.2
单位：寸	

图8-53　低驳口中老年女西装裁剪图

第二十六节 中老年无领女外套

本款为"V"形领，前后片通肩开剪。且有肩省，适合于较丰满体型的中老年穿着，选用条格和单色粗毛花呢拼色，视觉上给人以苗条之感。效果图见图8-54，裁剪图见图8-55。

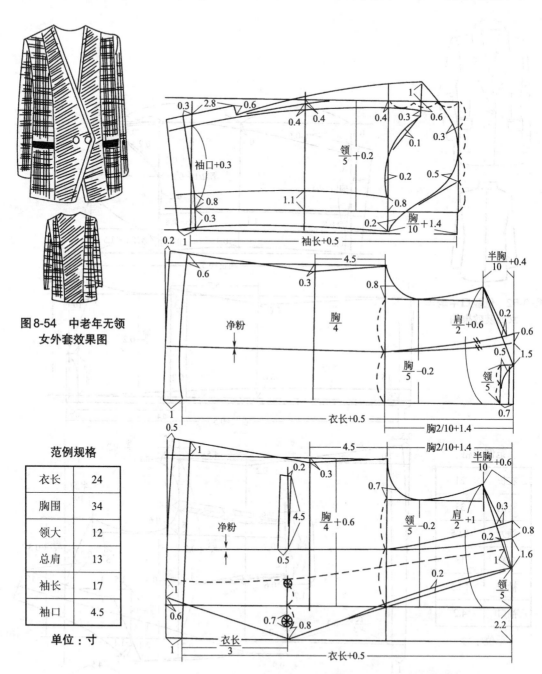

图8-54 中老年无领女外套效果图

范例规格

衣长	24
胸围	34
领大	12
总肩	13
袖长	17
袖口	4.5

单位：寸

图8-55 中老年无领女外套前后衣片裁剪图

第二十七节　带帽式女短大衣

　　本款为插肩式，驳领中关可开，前片收腋下省。双排三粒扣，活帽子。保暖、实用、大方、美观，是姑娘们冬季理想的防寒服装。可用各种粗纺毛呢、驼绒等布料制作。注：前片领口前门、领样为净粉，其余均为毛粉。效果图见图8-56，裁剪图如图8-57所示。

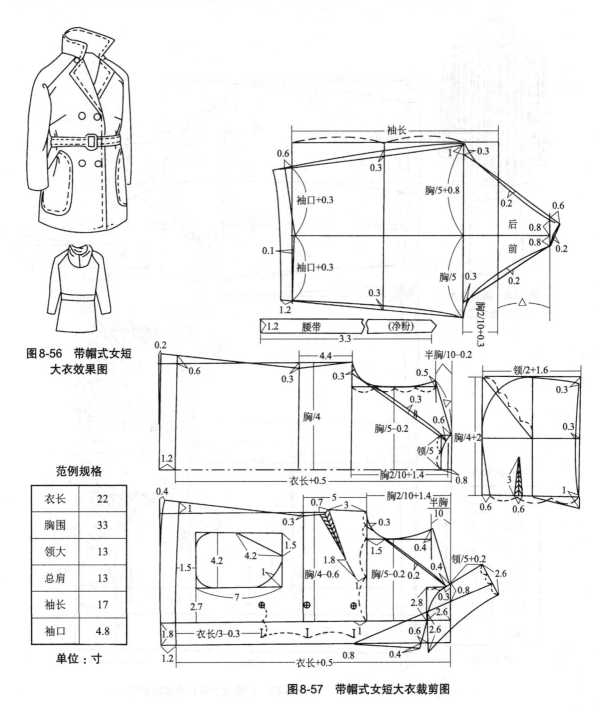

图8-56　带帽式女短大衣效果图

范例规格

衣长	22
胸围	33
领大	13
总肩	13
袖长	17
袖口	4.8

单位：寸

图8-57　带帽式女短大衣裁剪图

第二十八节　插肩式女呢料外套

　　本款为插肩式，立领，领头钉一粒扣，前门双排三对扣，横开袋，款式简洁大方，可用粗毛花呢、条格呢、长毛呢裁制。前后片肩头剪下部分先剪下纸样，移到袖子上再裁剪。效果图见图8-58，裁剪图如图8-59所示。

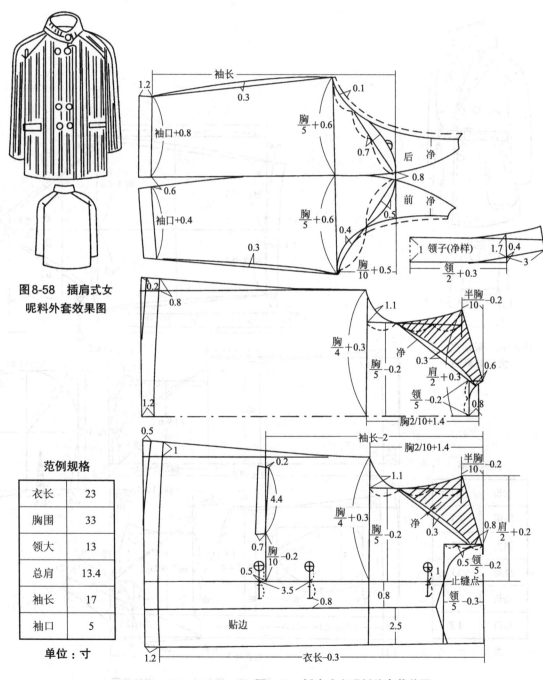

图8-58　插肩式女呢料外套效果图

范例规格

衣长	23
胸围	33
领大	13
总肩	13.4
袖长	17
袖口	5

单位：寸

图8-59　插肩式女呢料外套裁剪图

第二十九节　绣花女呢料外套

本款为大关门领，两领角可重叠。领角钉扣，暗门襟，开两斜形口袋，胸前可绣花装饰。暗门襟的做法是用羽纱烫上一层黏胶衬，在贴边上开口，包成双开线，把扣眼挖在贴边上。本款结构简洁，造型大方，深受中青年女性的喜爱。可用各色粗纺毛呢格呢制作。效果图见图8-60，裁剪图如图8-61所示。

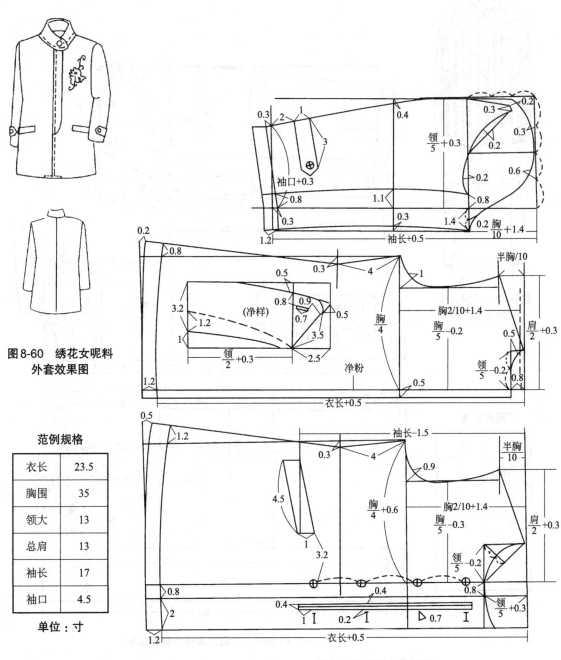

图8-60　绣花女呢料外套效果图

范例规格

衣长	23.5
胸围	35
领大	13
总肩	13
袖长	17
袖口	4.5

单位：寸

图8-61　绣花女呢料外套裁剪图

第三十节 过肩式女呢外套

　　本款为过肩式，站领，单排三粒扣，领下第一扣眼在上领缝中，两个双开线斜袋。过肩在前身是斜形接缝，在后身是横接缝。裁剪时前片肩头照图剪下纸样，移植连接在后片上，前后连成一体（无肩缝）裁下过肩。效果图见图8-62，裁剪图如图8-63所示。

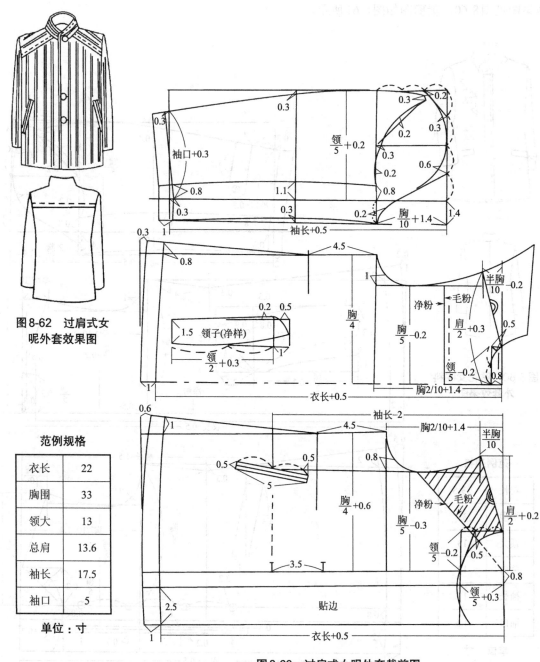

图8-62　过肩式女
呢外套效果图

范例规格

衣长	22
胸围	33
领大	13
总肩	13.6
袖长	17.5
袖口	5

单位：寸

图8-63　过肩式女呢外套裁剪图

第三十一节　女呢大衣

本款为直身式，双排扣，大关门圆角领，前后片收肩省，贴两只口袋，腰身较宽松，适合于体型较胖的中老年妇女穿着。可用素色或条格粗纺毛呢、长毛呢等制作。可做成长大衣，也可做成中短大衣。效果图见图8-64，裁剪图如图8-65所示。

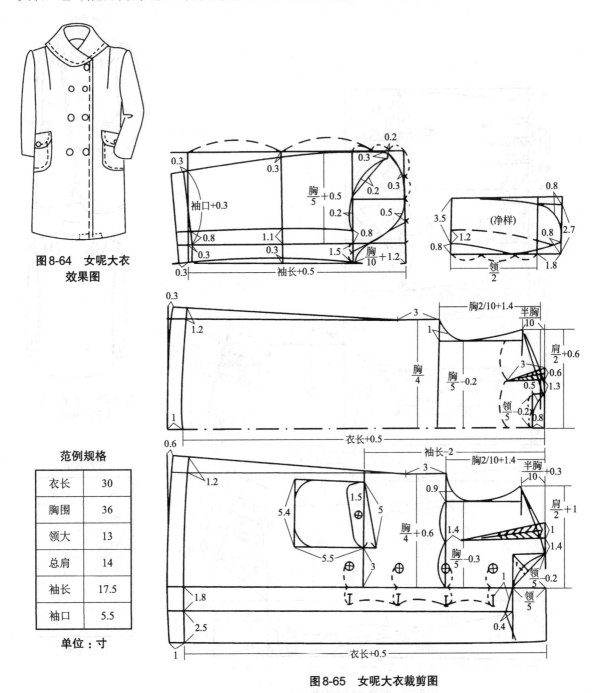

图8-64　女呢大衣
效果图

范例规格

衣长	30
胸围	36
领大	13
总肩	14
袖长	17.5
袖口	5.5

单位：寸

图8-65　女呢大衣裁剪图

第三十二节　斜襟女短大衣

　　本款为斜襟、立领，领上钉一粒纽扣点缀。前后肩头各收三个活省，袖根肥大，袖口缉七只活省收小。款式简洁清新。可用各色粗纺毛呢制作。效果图如图8-66所示，裁剪图见图8-67。

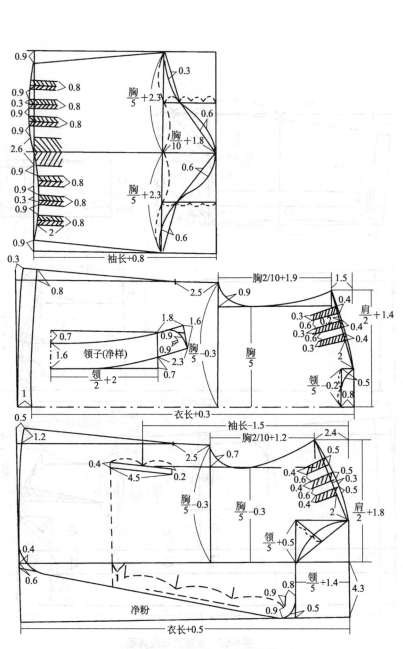

图8-66　斜襟女短大衣效果图

范例规格

衣长	23.5
胸围	33
领大	13
总肩	13
袖长	17.5
袖口	3.8

单位：寸

图8-67　斜襟女短大衣裁剪图

第三十三节　插肩式女大衣

　　本款女大衣为插肩袖，关门式方领。后片左右两片相接，开两只斜袋。衣身较宽松，款式大方，线条流畅，宜用各色粗纺毛呢制作。裁剪时先用硬纸把前后片阴影部分剪下样子，再移植在袖山上，照图画顺，然后进行裁剪。图中未标明处全是毛粉。效果图见图8-68，裁剪图如图8-69所示。

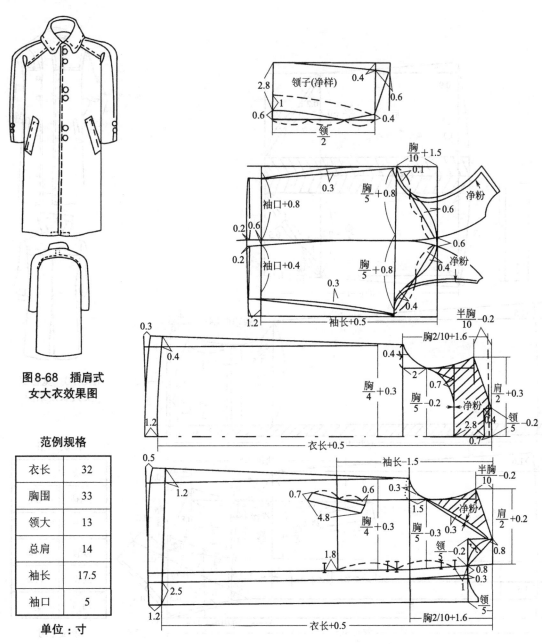

图8-68　插肩式
女大衣效果图

范例规格

衣长	32
胸围	33
领大	13
总肩	14
袖长	17.5
袖口	5

单位：寸

图8-69　插肩式女大衣裁剪图

第三十四节 宽松式女大衣

本款为宽松式，海燕领可立可翻下，挂面连领面，前后衣片作横向开剪，后背收暗褶裥，新潮浪漫，潇洒大方，是青年姑娘理想的冬装。宜用粗纺毛呢制作。效果图见图8-70，裁剪图如图8-71所示。

量体：胸围衬衫外量加放7～8寸；领大加放3寸；总肩加放2寸。

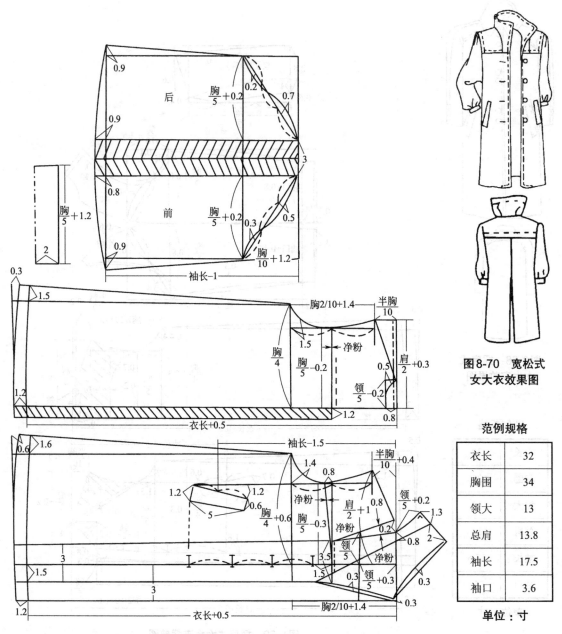

图8-70 宽松式
女大衣效果图

范例规格

衣长	32
胸围	34
领大	13
总肩	13.8
袖长	17.5
袖口	3.6

单位：寸

图8-71 宽松式女大衣裁剪图

第三十五节　新潮女风衣

　　这件女风衣是新潮款式。立领，泡泡袖，前片横断月克，收碎褶，后片活披肩，中间是一个大暗褶裥，两直立式双开线口袋，活帽子。可用尼龙绸、防雨绸等薄型面料制作，造型大方、宽松。外出穿上，风度翩翩，且免担风雨之忧。效果图见图8-72，裁剪图如图8-73所示。

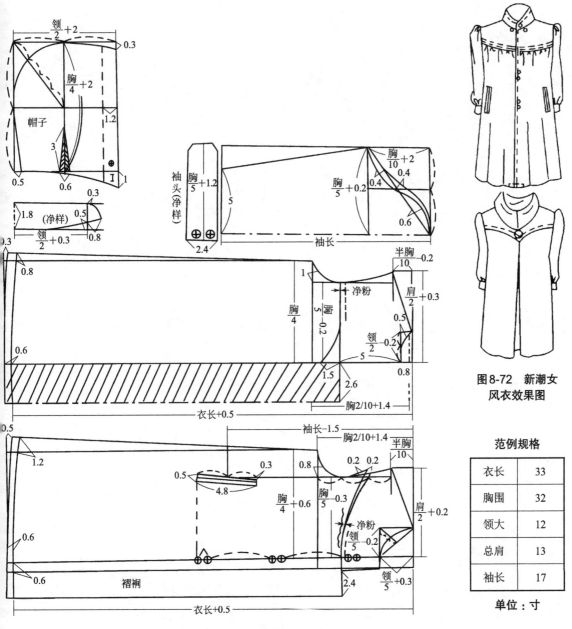

图8-72　新潮女风衣效果图

范例规格	
衣长	33
胸围	32
领大	12
总肩	13
袖长	17

单位：寸

图8-73　新潮女风衣裁剪图

第九章

CHAPTER 9

其他

第一节　六角帽

六角帽由六块裁片组成。图9-2所示为净粉制图，可先照图裁画出纸样，然后按纸样放出缝份裁剪。要注意面料的经纬方向，帽大为紧头围加放2cm。效果图见图9-1，裁剪图如图9-2所示。

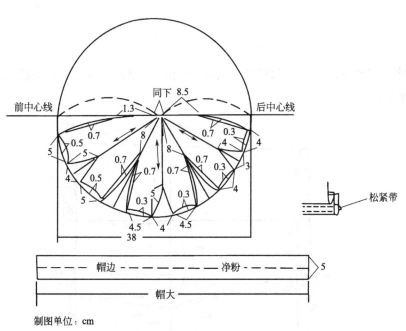

制图单位：cm

图9-2　六角帽裁剪图

图9-1　六角帽效果图

第二节　儿童八角帽

八角帽由相同形状的八块裁片组成。图9-4所示为净粉制图，裁剪时要另放缝头。头顶毛缨用毛线制作。帽大为紧头围加放2cm。效果图见图9-3，裁剪图如图9-4所示。

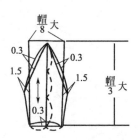

图9-3　儿童八角帽效果图

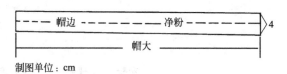

制图单位：cm

图9-4　儿童八角帽裁剪图

第三节　开裆裤、幼童兜兜

一、开裆裤

可用素色的确良制作。用斜条滚边。计算用料：幅宽27寸，兜兜长+0.5寸。效果图见图9-5，裁剪图如图9-6所示。

图9-5　开裆裤效果图

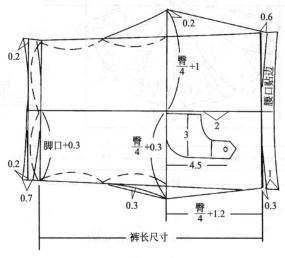

图9-6　开裆裤裁剪图

年龄 规格 部位	1/2 ～ 1	1 ～ 2	2 ～ 3	3 ～ 4
	41	46	51	56
裤长	12.3	13.8	15.3	16.7
臀围	19	20	21	22
腰围	17	17.5	18	18.5
上裆	6	6.2	6.4	6.7
脚口	3.8	4	4.2	4.4
兜长	11	12	13	14
胸围	20	21	22	23
领大	8	8.5	9	9.5

单位：寸

二、幼童兜兜

可用素色的确良制作。用斜条滚边。计算用料：幅宽27寸，兜兜长+0.5寸。效果图见图9-7，裁剪图如图9-8所示。

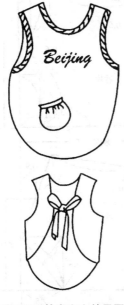

图9-7　幼童兜兜效果图

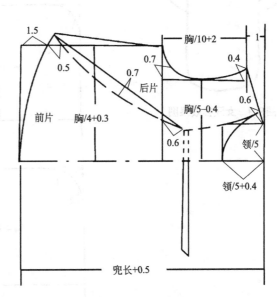

图9-8　幼童兜兜裁剪图

第四节　女汗衫、衬裤

一、女汗衫

　　花布汗衫为圆开领，连袖，可用散点花的确良、棉布等制作。结构简单，用料节省，制作方便，经济实用，效果图见图9-9，裁剪图如图9-10所示。

范例规格	
衣长	16
胸围	29
领大	11
总肩	12
袖长	30
臀围	30

单位：寸

图9-9　女汗衫效果图

图9-10　女汗衫裁剪图

后片部分标注：
0.7　0.5　0.5　3　0.6　肩/2　3.8　1.5　3　胸/4+1.5
胸/4+0.3
2　1　2

前片部分标注：
0.9　3　0.5　0.5　肩/2　3.8　2.5
胸/4+0.3
2　1　2
衣长+0.5

二、衬裤

衬裤结构简单，制作方便，宜用花绒、棉布花绒等吸湿性好、质地柔软的面料制作。
效果图见图9-11，裁剪图如图9-12所示。

图9-11　衬裤效果图

范例规格

衣长	16
胸围	29
领大	11
总肩	12
袖长	30
臀围	30

单位：寸

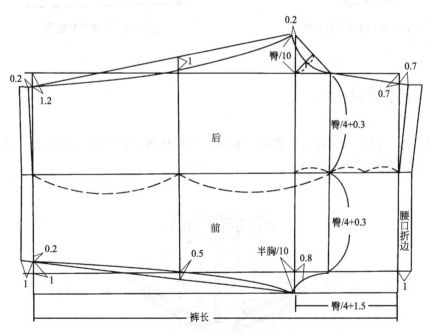

图9-12　衬裤裁剪图

第五节　裤头

一、内裤头

这种内裤头结构简单，合体好穿，便于裁制。可用整实裁剪，也可用零料拼制。
量体：紧臀围加放4寸。效果图见图9-13，裁剪图如图9-14所示。

图9-13　内裤头效果图

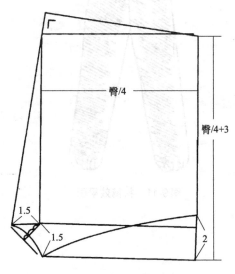

图9-14　内裤头裁剪图

二、胖体裤头

幅宽23寸，用料18～20寸，照图示裁剪一条胖体裤，臀围最大可做到36寸。效果图
见图9-15，裁剪图如图9-16所示。

图9-15　胖体裤头效果图

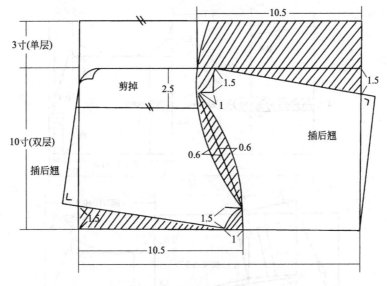

图9-16 胖体裤头裁剪图

第六节 女西装马甲

女西装马甲是一件男性化的服装，"V"形领口，前门钉四粒纽扣，开两只斜袋。前片收大省（缝好后可剪开）。可与西装配套，也可与长裙配套。款式简洁，潇洒大方，很受中青年女性的喜爱。用粗毛花呢、格呢或针织弹力呢等裁制，效果俱佳。效果图见图9-17，裁剪图如图9-18所示。

量体：衣长由颈肩点经前胸向下量到腰节下3寸。胸围：衬衫外量加放3寸。

图9-17 女西装马甲效果图

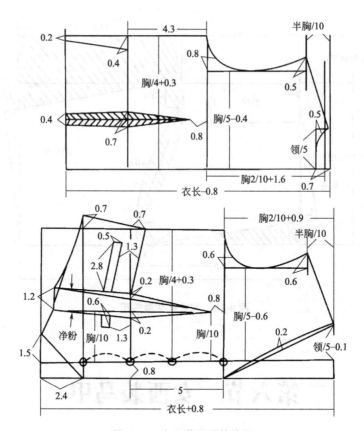

图9-18　女西装马甲裁剪图

第十章 CHAPTER 10

服装病例修改

由于人体的差异，买来的标准规格的服装或按同样方法裁剪的服装，难免有的人穿着合体，有的人穿着不合体。合格的服装穿起来舒服，表面挺括，活动方便。而有毛病的服装穿上后则出现不正常的皱褶，人体的某种活动受到牵掣，感觉别扭。如毛病较为明显，则须进行修改。

修改有毛病的服装难度较大，必须仔细观察，进行分析，找出"病因"，"对症下药"，方能手到病除。否则不仅不能修好，反而越修越糟。表10-1归纳了常见服装病例的症状、原因及修改方法。

表10-1　常见服装病例的症状、原因及修改方法

病例	症状	原因	修改方法
爬领	后领向上爬，底领外露	1.前领根翘度过大 2.后领圈不圆顺	1.减小前领根翘度 2.剪圆后领圈
领后起涌	后领圈下起涌，呈横向皱褶	1.后领圈开得太浅不圆 2.后片坡肩太大	1.把后领圈开深 2.减小后片坡肩

病例	症状		原因	修改方法	
后背起拢	后背起横向皱褶并隆起		后片袖窿太深	从上部改浅后片袖窿，如衣长不够，可放出下摆折边	
后背八字皱	后背两侧出现外撇斜皱呈八字形		后片坡肩太小	加大坡肩，袖窿同时下移，如衣长不够，可放出下摆折边	
后摆外撇	后衣片下摆不贴身，向外撅起		1.前后衣片下摆太大 2.撇背太小	1.减小前后片下摆 2.加大后衣片撇背	
前肩起拢	前胸肩头处出现外撇斜拢		1.前片横开领过大 2.前片坡肩太小 3.后片横开领过小	1.把上领点向里移，减小前片领宽 2.加大前片坡肩 3.加大后片横开领	
搅止口	前门止口内搅。前衣片丝缕向内下方偏斜		1.前片横开领太小 2.前衣片坡肩太小 3.后衣片袖窿太深 4.后衣片过长	1.加大前片横开领 2.加大前片坡肩 3.从上部减短后衣片，同时改浅袖窿	
豁止口	前门止口外豁。前衣片丝缕向外下方偏斜		1.前片横开领太大 2.前片坡肩太大 3.后衣片袖窿太浅	1.减小前片横开领 2.减小前片坡肩 3.加深后片袖窿	

病例	症状	原因	修改方法
背叉内搅	背衩内搅	1.后片坡肩太小 2.后片袖窿太浅 3.制作时里外松紧不当	1.加大后片坡肩 2.加深后片袖窿 3.调整里外松紧一致
背叉外豁	背衩外豁	1.后片坡肩太大 2.后片袖窿太深 3.制作时里外松紧不当	1.减小后片坡肩 2.改浅后片袖窿,如衣长不够可放出折边 3.调整里外松紧
腋下后捺皱	腋下摆缝处前衣片出现向后下方斜的皱褶	1.前片袖窿太浅 2.后片袖窿太深	1.加深前片袖窿 2.改浅后片袖窿
腋下前撒皱	腋下摆缝处前衣片出现向前下方斜的皱褶	1.前片袖窿太深 2.后片袖窿太浅	1.改浅前片袖窿 2.改深后片袖窿
袖山横皱	袖山旁出现横向皱褶	1.袖山过高 2.袖山头吃量不足	1.减低袖山 2.加大袖山头吃量
八字皱	袖山旁出现外撇形斜皱	袖山太低	加高袖山,吃足袖山头

病例	症状	原因	修改方法
袖子拧	袖子出现拧纹	袖子绱偏	拆下袖子，纠正另绱
裙摆外斜	裙子下摆向两侧外斜中间无波浪	腰口弧度过小	加大裙片腰口弧度
后腰起涌	连衣裙后片腰下起涌	1.后腰节过长 2.后裙片腰口弧度过小	1.减短后片腰节 2.加大后裙片腰口的弧度

第十一章 CHAPTER 11

特体女上衣裁剪法

特体女上衣裁剪以肩省女上衣为例，其他款式可参考比例。

第一节　挺胸（q）

挺胸女上衣裁剪方法与正常体型主要不同之处如下：

① 量体时分别量出前后衣长（以底边平齐为准）；

② 制图时前后衣片长各按实量尺寸加0.5寸计算；

③ 前片肩省加大0.2～0.4寸，肩大点相应外移；

④ 前片袖窿加深0.2～0.4寸，后片袖窿减浅0.2～0.4寸；

⑤ 前片胸宽加大0.2～0.4寸，后片背宽减小0.2～0.4寸；

⑥ 前片起翘加大0.1～0.3寸，后片起翘减小0.1～0.2寸；

⑦ 袖山中线后移0.2～0.3寸；

⑧ 前袖山弧形胖出0.1～0.2寸；

⑨ 后袖山终点降低0.2寸。

其余和正常体型裁法相同。效果图见图11-1，裁剪图如图11-2所示。

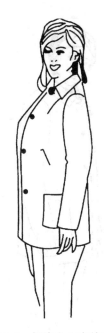

图11-1　挺胸女上衣效果图

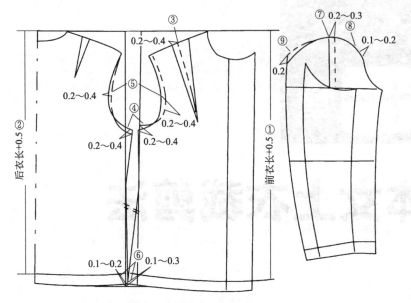

图 11-2　挺胸女上衣裁剪图

注：前后片袖窿深和起翘的数据，应以与前后片摆缝的长度相等为准，进行适当调整。

第二节　驼背（p）

图 11-3　驼背女上衣效果图

驼背女上衣裁剪方法与正常体型主要不同之处如下：

① 量体时分别量出前后衣长（以底边平齐为准）；

② 制图时前后衣片长各按实量尺寸加0.5寸计算；

③ 前片肩省减小0.2～0.4寸，肩大点相应里移；

④ 后片肩省加大0.2～0.4寸，肩大点相应外移；

⑤ 前片袖窿减浅0.2～0.4寸，后片袖窿加深0.2～0.4寸；

⑥ 前片胸宽减小0.2～0.4寸，后片背宽加大0.2～0.4寸；

⑦ 前片起翘减小0.2～0.4寸，后片起翘加大0.2～0.4寸；

⑧ 袖山中线前移0.2～0.3寸；

⑨ 前袖山弧形瘦进0.1～0.2寸；

⑩ 后袖山终点提高0.2寸。

其余和正常体型裁法相同。效果图见图11-3所示，裁剪图如图11-4所示。

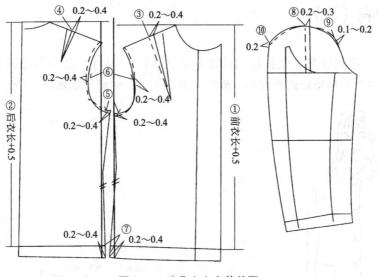

图 11-4　驼背女上衣裁剪图

注：前后片袖窿深和起翘的数据，应以与前后片摆缝的长度相等为准，可进行适当调整。

第三节　平肩（t）、溜肩（a）

一、平肩（t）

平肩女上衣的裁剪方法是把前后片落肩减小0.1～0.2寸，其余与正常体型裁法相同（包括袖子）。效果图见图11-5，裁剪图如图11-6所示。

图 11-5　平肩女上衣效果图

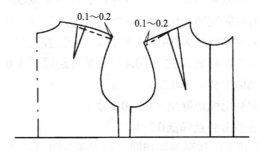

图 11-6　平肩女上衣裁剪图

二、溜肩（a）

溜肩女上衣的裁剪方法是把前后片坡肩加大0.1～0.4寸，其余和正常体型裁法相同（包括袖子）。也可加装垫肩进行弥补。效果图见图11-7，裁剪图如图11-8所示。

图11-7　溜肩女上衣效果图

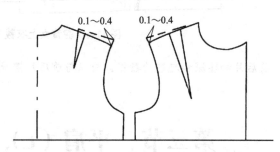

图11-8　溜肩女上衣裁剪图

第四节　大腹胖体（d）

大腹胖体女上衣裁剪方法与正常体型主要不同之处如下：
① 量体时分别量出前后衣长（以底边平齐为准）；
② 制图时前后衣片衣长各按实量尺寸加0.5寸计算；
③ 前片肩省加大0.2～0.4寸，肩大点相应外移；
④ 前片袖窿加深0.1～0.3寸，后片袖窿减浅0.1～0.3寸；
⑤ 前片胸宽加大0.1～0.3寸，后片背宽减小0.1～0.3寸；
⑥ 前片撇胸加大0.4～0.8寸（可直接叠在前门贴边上）；
⑦ 前片起翘加大0.2～0.4寸，后片起翘减小0.1～0.2寸；
⑧ 袖山中线后移0.2寸；
⑨ 前袖山弧形胖出0.1～0.2寸；
⑩ 后袖山终点降低0.2寸。
其余和正常体型裁法相同。效果图见图11-9所示，裁剪图如图11-10所示。

图11-9　大腹胖体女上衣效果图

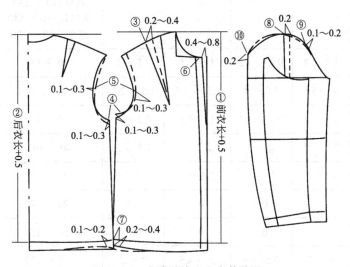

图11-10　大腹胖体女上衣裁剪图

注：前后片袖窿深和起翘的数据，应以与前后摆缝的长度相等为准，进行适当调整。

附录：衣料伸缩率

衣料伸缩率

原料名称	伸缩率/%				耐热度/℃	原料熨烫时间/s
	经向		纬向			
	水缩	热缩	水缩	热缩		
全棉府绸	4～6	3	3～4.5	2	150～160	3～5
印花布类	5～7	3.5	4～5	3	160～170	3～5
绒布	5～7	3.5	3～4	2.5	150～160	3～5
丝绸					真丝110～130 人造丝110～140 尼龙丝90～100	3～4
锦纶类	1.5～3	0.7～1.2	1～1.5	0.5～1	120～150	5
维棉类	3～5.5	2.5～4	2.5～3.5	1.5～2.5	120～150	3～5
腈纶类	1.5～3	0.7～1.2	1～1.5	0.5～1	120～150	5
丙棉混纺	2.5～4	2～3	2～3	1.5～2	80～100	3～4
绲卡其、华达呢	5	3～4	2.5～3	2～2.5	60～170	5
涤棉类	1	0.5	0.5	0.5	120～170	3～5
涤棉华达呢	1	0.5	0.5	0.5	130～150	5
灯芯绒	6～7	2.5～4	3～4.5	2～3	120～130	3～5
平绒	6～7	3～5	3～5	2～4	120～130	3～5
漂布	4～5	2～3	2.5～3	2～2.5	130～150	5
市布斜纹	6～8	3.5～5	3～5	2.5～3.5	120～130	5
劳动布	9～10	3.5～5	4～6	3～5	120～140	5
白粗布	5～8	2～3	3～4	1.5～2.5	130～180	5
白细布	6～7	2.5～3.5	3～5	2～3	130～170	3～5
美丽绸	8		2		120～150	3～4
羽纱	12		3		120～150	3～4